原状土力学

李顺群　著

中国建筑工业出版社

图书在版编目（CIP）数据

原状土力学 / 李顺群著. —北京：中国建筑工业
出版社，2021.2

ISBN 978-7-112-25719-5

Ⅰ. ①原… Ⅱ. ①李… Ⅲ. ①原状土-土力学 Ⅳ.
①TU44

中国版本图书馆 CIP 数据核字（2020）第 247246 号

责任编辑：戚琳琳
文字编辑：刘颖超
责任校对：李欣慰

原状土力学

李顺群　著

*

中国建筑工业出版社出版、发行（北京海淀三里河路 9 号）
各地新华书店、建筑书店经销
北京鸿文瀚海文化传媒有限公司制版
北京建筑工业印刷厂印刷

*

开本：880 毫米×1230 毫米　1/32　印张：8⅛　字数：240 千字
2021 年 5 月第一版　　2021 年 5 月第一次印刷
定价：**58.00** 元
ISBN 978-7-112-25719-5
（36676）

本书是作者在总结力学状态表示和测试、原状土的性质和工程应用等成果基础之上编写而成的，是国内外为数不多的针对原状土力学性质和工程应用的参考书。本书在系统介绍应力应变理论和测试方法、原状土基本特性和极限非极限理论基础上，力图以开阔的视野和开放的思维方式向读者展示原状土研究所涉及的领域、热点、方法和成果。希望读者不仅了解和体会本书的内容和成果，而且能够全面认识重塑土与原状土的差别，理解室内外试验和测试的局限性与不足，加强对原状土力学性质和工程性质的研究，以便更好地服务经济建设和社会发展。

全书共 11 章，内容主要包括绪论、应力状态及其表示方法、应变状态及其表示方法、三维应变测试和三维应力测试、原状土的状态和力学特点、原状土的屈服模型、弹性地基梁理论及应用、位移土压力、基坑工程中的原状土、渗透性和土层海绵化、土层海绵化实施方案。

本书可作为土木工程、水利工程、铁道工程、桥隧工程、交通工程、工程地质等专业研究生的课外读物，也可作为广大科研和工程技术人员的进修材料和参考书。

前　　言

　　实验室取回的土样，其自身固有结构和状态已经被破坏且无法完全恢复。传统土力学一般以重塑土的饱和/非饱和状态为研究对象，主要解决强度、稳定性和渗流等方面的极限状态问题。相对于原状土，重塑土由于失去了大部分原有结构，相应的试验结果难以反映原始场地的性质。另外，极限状态在工程中并不多见，因为只有发生失稳和破坏的工程才会经历极限状态，且时间极短。正常工作时，地基、边坡以及其他土工结构物的黏聚力和摩擦角均处于非极限状态。因此，加强原状土的极限、非极限状态研究不仅有助于合理解释各种工程现象，科学解决各种工程问题，而且对完善现有土力学体系也具有积极的推动作用。

　　获取原状土物理性质和力学指标的最可靠手段是原位测试技术。由于对应力应变状态及其表示方法的研究尚不完善，现有的原位测试技术存在一个共同短板，即测试数据过于片面。比如，现有的土压力测试装置只能测试某个指定方向的应力，即一维应力。实际上，土体中的应力状态显然是三维的，即包括 3 个正应力和 3 个剪应力共 6 个分量。对土体中应变的测试也存在同样问题。作者经过近 10 年的研究，提出了空间应力、应变状态的多种表示方法，并在此基础上与天津三为科技有限公司合作，联合开发了三维应力和三维应变测试装置，并不断完善和发展。目前，已经能连续测试土体中的静、动三维应力和三维应变，并应用于北京、天津、重庆、昆明、郑州、济南、青岛、合肥、广州、阿拉善等 10 多个城市的国家和省市重点工程，应用场景涉及基坑开挖、路基碾压、盾构掘进、单桩静压、振动、爆破等几乎所有岩土工程静、动三维应力和三维应变测试。基于此，本书力图以应力应变状态表示方法和测试技术为突破口，在为土体参数测试提供可靠手段的基础上，全

4

方位介绍原状土的屈服和各种非极限状态研究进展和成果应用。

本书共 11 章。第 1 章为绪论，介绍传统土力学的研究对象和特点以及原状土的研究简史，目的是通过这一章的学习对原状土研究的重要性有一个全面的理解。第 2 章介绍应力状态及其表示方法。第 3 章介绍应变状态及其表示方法。应力状态和应变状态表示方法是力学中的共性问题，因此也适用于其他材料比如混凝土和岩体。第 4 章介绍三维应变测试和三维应力测试方法，为全面揭示岩土体的力学性质提供技术保障。第 5 章介绍原状土的状态和力学特点，以全面认识原状土的力学状态。第 6 章介绍原状土的屈服模型，这些模型有一些共同特点，比如考虑了初始应力各向不等性和屈服过程的各向异性。第 7 章介绍弹性地基梁理论及应用，主要包括复杂条件下地基梁的能量法和边界条件法，可用于计算地基沉降和变形。第 8 章和第 9 章介绍位移土压力和基坑工程中的原状土，可用以计算实际工程中非饱和土的非极限土压力问题。第 10 章和第 11 章介绍原状土的渗透性和土层海绵化及实施方案，重点阐述作者提出的充分利用滤芯和土层水平渗透性来增大渗透效率，以既有土层孔隙作为存水空间的一种新型海绵城市建设方法。

在本书成书过程中，得到了国家自然科学基金（51178290、41877251）和天津市重点研发计划科技支撑重点项目（19YFZCSF00820）的大力支持，在此深表谢意。

限于作者水平，书中难免有错误和遗漏，敬请读者批评指正。

目　　录

第1章 绪　论

1.1　传统土力学的研究对象和特点

传统土力学以重塑土的饱和状态为研究对象，主要解决强度、稳定性和渗流等方面的问题，也即主要研究其极限状态。

1.1.1　以重塑土为研究对象

传统土力学是基于室内针对重塑土的试验现象建立起来的。相对于原状土而言，重塑土由于消失了大部分原有结构，其性质难以代表原始场地土的性质。实验室取回的"原状土样"，其密度、含水率以及其他某些物理性质可能变化不大或可以恢复，但由于运输振动、环境改变、应力释放等原因，其自身固有结构和状态已经损伤，且损伤程度难以评估。因此，即使针对这种"原状土样"进行试验，也无法获得真实的力学指标。传统土力学将取回的土样打碎、烘干、制样，然后进行各种试验以研究力学性质，比如强度问题中的直剪试验和三轴试验等。这种研究方法得到的结果，更难以反映现场的真实情况，在指导工程实际时难免出现问题。

土样重塑方法主要有两种，固结法与击实法。固结法是在干土中加蒸馏水，配成大于液限的稀泥浆，然后倒入制样筒中，并在顶部施加静载使土样固结。击实法是使用一定质量的击锤，从一定高度自然下落，分多层击实土样至所需尺寸。相对固结法而言，击实法简单易行、耗时短，但击实土样质量往往与操作水平有很大关系。比如，使用三分法击实时不同击实层常常因击实程度不同而具有不同的密实程度，这种现象对试验结果影响较大。另外，若击实程度超过了土样在原始场地的密实程度，则会引起无法衡量和无法评估的超固结，从而严重扭曲对场地力学性质的认识[1]。

1

目前，获取原状土物理力学指标的方法主要是原位测试技术。但现有的原位测试方法如标贯、触探等，在钻进过程中对土的结构破坏也很大[2]。因此，发展原状土试验技术、理论体系和工程方法对指导工程实践显得非常迫切和重要。

1.1.2 以饱和状态为研究重点

传统土力学是针对饱和土建立起来的。例如，太沙基（Terzaghi）有效应力原理和太沙基一维固结理论只能解决饱和土问题，对非饱和土问题无能为力。同样，达西（Darcy）定律只适用于描述饱和土中水的流动；剑桥模型、Duncan-Chang模型也只能用于计算饱和土的变形。而工程上经常面临大量的非饱和土问题，因此发展非饱和土的力学理论、本构模型和测试方法是现代土力学的重要任务[3]。

工程中遇到的非饱和土问题非常普遍，即使在软土地区，其表层土也不是饱和的。多数情况下，将饱和土方法应用于非饱和土是不合适的，因为土的特性随其含水量变化有很大不同，如膨胀土遇水后体积膨胀，而湿陷性黄土遇水后体积收缩，且强度等力学参数会发生明显改变[4]。因此，如果具有完备的非饱和土理论并将其应用于实践，则能更合理地解释各种工程现象，有效解决承载力、变形、渗流等实际问题。

1.1.3 以极限状态为研究目的

从经典的库仑理论、朗肯理论开始，土力学大致经历了极限平衡法、条带极限平衡分析法、现代极限平衡分析法和现代数值计算法几个阶段[5]。这些阶段多以假设土体变形达到了其极限状态为基础，并在此基础上研究土体的性质。

经典土压力理论中都假设土体变形达到极限状态即临界条件，但在实际工程中是不允许达到极限状态的。比如，经典土压力理论的研究对象为处于极限平衡状态的土体，主动土压力和被动土压力即是处于极限状态时的土压力，即只能计算土体位移达到极限并产生破坏时的土压力。实际上，稳定状态时土压力的分布是非线性的，并且与支挡结构的位移模式和大小有密切关系[6]。在工程实践中，常常要求结构物的侧向位移量在一定限值之内，这个值远小于达到主/被动状态所需的位移量[7]。理论上讲，此时结构物受到的土压力处于静止土压力与主动土压力之间或静止土压力与被动土压力之间。

极限状态在工程中并不多见，因为只有发生失稳和破坏的工程才经历极限状态且过程极短。正常工作状态时，地基、边坡以及其他土工结构物的黏聚力和内摩擦角均处于非极限状态，而不是经典力学中所假设的极限状态。因此，加强非极限状态土力学研究不但有助于合理解释各种工程现象和科学解决各种工程问题，而且对完善现有土力学体系也具有积极的推动作用。

1.2　原状土研究简史

工程中面临的岩土体都不是重塑的，因此，研究原状土的工程性质对合理解释土工现象、准确估算土工参数、正确预测发展趋势等工作是非常重要的。所以，从土力学诞生的那一天开始，人们就非常注重原状土的研究。

1.2.1　应力应变的表示与测试

应力和应变是力学中的两个基本概念，是力学理论框架的基础。一般情况下，人们习惯于将三维应力状态表示为 3 个正应力和 3 个剪应力的组合；将三维应变表示为 3 个线应变和 3 个剪应变的组合。并以此为基础，建立了各种适用于不同材料的强度准则、破坏条件和本构模型。自然界中的同一物理量往往可以有不同的表示方法。应力和应变是受力体在受到外部作用时作出的必然反应，是客观存在的，不以人的意志为转移的；而对应力状态和应变状态的描述是主观的、人为的。因此，与温度、时间和长度一样，应力、应变的表示方法也可以根据需求的不同而具有不同的形式。在工程实践中，人们已经根据不同的需要将应力、应变状态表示为不同的形式。比如，对于各向同性材料，主应力状态可以表示为大、小主应力和中主应力系数的形式，也可以表示为应力不变量、八面体应力等形式。这种从不同视角对同一事件的描述往往能从另外一个角度加深人们对物理现象的认识和理解。对于各向异性材料，由于相同作用在不同方向上会产生不同效应，因此三维应力状态不能简化为 3 个主应力的形式，三维应变也不能简化为 3 个主应变的形式。所以，获得各向异性材料内部的 3 个正应力和 3 个剪应力、3 个正应变和 3 个剪应变，对认识材料性质、揭露材料强度和变形发展规律具有基础性作用。目前，三维应力和三维应变的测试理论还不成熟，通过测试获得岩土体内部完整的应力状态和应变状态是非常困难的。

1.2.2 非破坏屈服

与对应的重塑土相比，原状饱和土和非饱和土具有显著的结构性和各向异性[8,9]。既有研究表明，土的内摩擦角、压缩性、剪胀性、应力路径相关性、硬（软）化特征、蠕变特性、屈服特性、共轴与否等特性和相应的参数指标，都依赖于土的结构性和各向异性[10]。另外，可以认为各向异性和非共轴性是结构性的一个方面，即特指结构性的方向属性。由于处于非等压状态，原状土的初始应力包含初始球应力和初始偏应力。从力学角度看，颗粒体的密实度取决于球应力张量，而颗粒体的定向性依赖于偏应力张量。从微观层次看，在沉积过程中形成的颗粒体排列方向性差异，必然会引起初始应力偏张量的存在和刚度矩阵的非对称性，并在宏观力学性质方面表现为不同形式的结构性和各向异性[11,12]。基于等倾线的应力状态表示方法和屈服准则，无法考虑原状土处于三向不等压状态的客观事实，也无法描述原状土初始状态的各向异性[13,14]。合理表述这种与初始应力状态有关的结构性和各向异性并将其嵌入本构关系，是正确评价初始结构在后续加载过程中对强度和变形影响的基础性工作[15,16]。

1.2.3 非极限土压力

经典土压力理论的研究对象是处于极限平衡状态的土体，可用于求解极限状态下的主动土压力或被动土压力，不能考虑位移对土压力的影响。实际上，只有当土体的水平位移达到一定值时才会达到极限平衡状态并产生剪切破坏，此时的土压力才等于上述极限土压力[17]。而在结构物正常工作过程中，位移量远小于达到主/被动状态所需的位移量，此时结构物受到的土压力必定处于主动土压力与静止土压力之间，或静止土压力与被动土压力之间[18]。目前，针对不同问题，国内外学者对非极限土压力开展了大量研究，比如关于非极限主动土压力的研究；摩擦角与位移关系的研究；砂性土非极限状态下主动土压力的研究；填土内摩擦角、墙土摩擦角和墙体位移比的关系对非极限土压力影响的研究等，具有一定的代表性。

1.2.4 非屈服变形

国内外对地基沉降的研究是从太沙基一维固结理论开始的[19]。Miskasa 发现，软黏土的固结特性不符合太沙基固结理论[20]，Gibson 等人在考虑压缩性、渗透性与孔隙比的非线性关系后提出了非线性应变固结理论[21]，Lambe 则给出了计算地基沉降的应力路径法[22]。自 Roscoe 创建剑桥模型以来，各国学者已经建立或改造了数百个本构模型，这些模型在国内一些高土石坝、堤坝、地基、路基等的沉降计算中得到了不同程度应用[23]。目前，沉降计算方法大致可分为四类，即：①常规理论计算方法，比如分层总和法；②基于太沙基固结理论的沉降计算方法；③基于现场实测资料的经验算法；④基于计算机的数值方法，如有限元法等[24]。

1.2.5 基坑中的非极限状态

在基坑工程中，支护结构上的土压力往往不允许达到极限状态。根据工程特点，土压力的计算方法有多种，包括考虑时间和位移效应的算法[25]；同时考虑应力状态、非线性抗剪强度、水平位移和空间效应的算法；采用上限定理计算有限范围土体压力的方法[26]；采用增量原理的简化平面弹性抗力算法[27]；折减系数法以及修正朗肯土压力法等[28]。

实际上，基坑工程中的极限状态是不允许出现的。由于降水作用，基坑工程中有很大一部分土体处于非饱和状态。当然，开挖和未开挖的土体也都是原状土。因此，研究非极限、非饱和、原状性等因素对基坑支护和开挖的影响具有重要的理论意义和工程价值。

1.2.6 饱和、非饱和渗流

渗流是研究流体在多孔介质中运动的科学，它既是流体力学的一个分支，又是一个与岩土力学、多孔介质理论、热力学相互交叉的独立学科[29]。非饱和土的渗流问题是岩土工程和环境工程中的一个重要课题。例如，基坑降水、堤坝渗流、边坡失稳、地下水污染等问题，都或多或少涉及非饱和土渗流问题[30]。由于非饱和土中基质吸力和渗透系数对饱和度的依赖性很强，通常用于测试饱和土渗透系数的手段不再适用于非饱和土，这大大增加了渗流参数的测试难度。目前，获取非饱和土渗透系数的方法有直接法和间接法，直接法包括室内试验和野外测试，间接法则是通过 SWCC 对渗透系数进行预测[31]。

1.3 本书主要内容

本书认为，极限状态包括所有极端情况，既包括力学极限状态即极限平衡状态，又包括物理状态极限状态，比如饱和度为 100％的饱和状态。本书汇集了作者在力学领域关于力学状态表示方法，土力学领域关于原状土极限、非极限状态的最新研究成果和工程应用。包括三维应力状态转换和相应的单一应力表示方法，三维应变状态转换和相应的单一应变表示方法，三维应变测试和三维应力测试原理及在土木工程中的应用，原状土的特性和力学状态表示，考虑各向异性的原状土屈服模型，复杂条件下弹性地基梁计算和应用，非饱和位移土压力作用机理和计算，非极限状态条件下基坑工程计算方法，以及原状土的渗透性和一种土层海绵化方案等。

第2章 应力状态及其表示方法

内应力和变形是物体在承受各种作用时自身的客观反应，这种反应一方面取决于外界作用，另一方面取决于物体自身的力学性质。与冷热程度一样，物体的内应力和变形是客观的，不以人的意志为转移的。与冷热程度的表述可以采用摄氏温度、华氏温度等不同形式一样，对内应力和变形的表述也可以根据研究目的采用不同的形式。本章基于应力理论，着重介绍其不同的表述形式。

2.1 一点应力状态

根据物体的几何特征，力学中常用的单元体有立方单元体和柱单元体等不同形式。对于立方单元体，一点的应力状态 S 定义为作用在该单元体 6 个面上的 9 个应力分量，即 σ_{xx}、σ_{yy}、σ_{zz}、τ_{xy}、τ_{yx}、τ_{xz}、τ_{zx}、τ_{yz}、τ_{zy}。

$$S=\left[\sigma_{ij}\right]=\begin{bmatrix} \sigma_{xx} & \tau_{xy} & \tau_{xz} \\ \tau_{yx} & \sigma_{yy} & \tau_{yz} \\ \tau_{zx} & \tau_{zy} & \sigma_{zz} \end{bmatrix}=\begin{bmatrix} \sigma_{11} & \sigma_{12} & \sigma_{13} \\ \sigma_{21} & \sigma_{22} & \sigma_{23} \\ \sigma_{31} & \sigma_{32} & \sigma_{33} \end{bmatrix} \tag{2-1}$$

其中，$\tau_{xy}=\tau_{yx}$，$\tau_{xz}=\tau_{zx}$，$\tau_{yz}=\tau_{zy}$。因此，9 个应力分量可以等效为 6 个应力分量。由于应力 σ_{ij} 是矢量，因此 6 个分量的大小不仅与该点的受力状况有关，而且也与坐标轴方向有关。当改变坐标轴方向时，虽然新单元体 6 个面上的应力与旧单元体 6 个面上的应力不同，但两者的效果是相同的。

由于在土中很少发生拉应力，因此土力学中规定压应力为正，拉应力为负。剪应力的正负号规定包括两方面：即在正面上，与坐标轴方向相反的剪应力为正；在负面上，与坐标轴方向相同的剪应力为正，如图 2-1 所示。

如果已知一点的应力分量，就可以确定任一法线方向为 n 的斜面 ABC 上的法向应力 σ_n 和剪应力 τ_n。如以 l、m、n 表示此平面法线的方向余弦，则应力矢量 $\boldsymbol{S}$ 在 x、y、z 方向上的分量 S_x、S_y、S_z 分别为

$$\left.\begin{aligned} S_x &= \sigma_{xx} l + \tau_{xy} m + \tau_{xz} n \\ S_y &= \tau_{yx} l + \sigma_{yy} m + \tau_{yz} n \\ S_z &= \tau_{zx} l + \tau_{zy} m + \sigma_{zz} n \end{aligned}\right\} \tag{2-2}$$

如采用张量符号，式（2-2）可写成

$$\begin{bmatrix} S_x \\ S_y \\ S_z \end{bmatrix} = \begin{bmatrix} \sigma_{xx} & \tau_{xy} & \tau_{xz} \\ \tau_{yx} & \sigma_{yy} & \tau_{yz} \\ \tau_{zx} & \tau_{zy} & \sigma_{zz} \end{bmatrix} \begin{bmatrix} l \\ m \\ n \end{bmatrix} \tag{2-3}$$

或

$$S_i = \sigma_{ij} l_j \tag{2-4}$$

将上述矢量投影到平面的法线方向上，即可得到垂直于该面的法向应力 σ_n。

$$\sigma_n = S_x l + S_y m + S_z n \tag{2-5}$$

即

$$\sigma_n = \sigma_x l^2 + \sigma_y m^2 + \sigma_z n^2 + 2\tau_{xy} lm + 2\tau_{yz} mn + 2\tau_{zx} nl \tag{2-6}$$

该平面上的剪应力为

$$\tau_n^2 = S_x^2 + S_y^2 + S_z^2 - \sigma_n^2 \tag{2-7}$$

用记号 σ_m 表示作用于外法线为 n 的斜面上的法向应力，并用下面的记号表示方向余弦

$$\cos(x, n) = l_{xn} \tag{2-8a}$$

$$\cos(y, n) = l_{yn} \tag{2-8b}$$

$$\cos(z, n) = l_{zn} \tag{2-8c}$$

于是式（2-5）可简单写成

$$\sigma_n = \sigma_m = \sigma_{ij} l_{in} l_{jn} \tag{2-9}$$

同理，在同一斜面上与某一轴平行的剪应力可写成

$$\tau_{vn} = \sigma_{ij} l_{in} l_{jn} \tag{2-10}$$

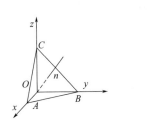
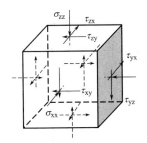

图 2-1　土力学中规定的单元体应力正号方向和常规表示

2.2　应力状态的分解

在经典塑性力学中，应力球张量只引起体变，应力偏张量只引起形变。因此，对应力状态进行分解是必要的。

2.2.1　主应力与应力张量不变量

在图 2-1 中，如果斜面 ABC 是主平面，即作用于此平面的应力只有法向应力而没有剪应力，则此法向应力为主应力 S。主应力与其在三个坐标轴上的投影 S_x、S_y、S_z 满足

$$S_x = S \cdot l \tag{2-11a}$$

$$S_y = S \cdot m \tag{2-11b}$$

$$S_z = S \cdot n \tag{2-11c}$$

将式（2-11）代入到式（2-2）并移项可得

$$(S - \sigma_{xx})l - \tau_{xy}m - \tau_{xz}n = 0 \tag{2-12a}$$

$$-\tau_{yx}l + (S - \sigma_{yy})m - \tau_{yz}n = 0 \tag{2-12b}$$

$$-\tau_{zx}l - \tau_{zy}m + (S - \sigma_{zz}) = 0 \tag{2-12c}$$

即

$$\begin{bmatrix} S - \sigma_{xx} & -\tau_{xy} & -\tau_{xz} \\ -\tau_{yx} & S - \sigma_{yy} & -\tau_{yz} \\ -\tau_{zx} & -\tau_{zy} & S - \sigma_{zz} \end{bmatrix} \begin{bmatrix} l \\ m \\ n \end{bmatrix} = \begin{bmatrix} 0 \\ 0 \\ 0 \end{bmatrix} \tag{2-13}$$

由于 $\{l$、m、$n\}$ 为非 0 向量，因此

$$\begin{vmatrix} S-\sigma_{xx} & -\tau_{xy} & -\tau_{xz} \\ -\tau_{yx} & S-\sigma_{yy} & -\tau_{yz} \\ -\tau_{zx} & -\tau_{zy} & S-\sigma_{zz} \end{vmatrix}=0 \tag{2-14}$$

展开后得到

$$S^3-I_1S^2+I_2S-I_3=0 \tag{2-15}$$

其中

$$I_1=\sigma_{xx}+\sigma_{yy}+\sigma_{zz} \tag{2-16}$$

$$\begin{aligned} I_2 &= \begin{vmatrix} \sigma_{xx} & \tau_{xy} \\ \tau_{xy} & \sigma_{yy} \end{vmatrix}+\begin{vmatrix} \sigma_{yy} & \tau_{yz} \\ \tau_{yz} & \sigma_{zz} \end{vmatrix}+\begin{vmatrix} \sigma_{zz} & \tau_{zx} \\ \tau_{zx} & \sigma_{xx} \end{vmatrix} \\ &=\sigma_{xx}\sigma_{yy}+\sigma_{yy}\sigma_{zz}+\sigma_{zz}\sigma_{xx}-\tau_{xy}^2-\tau_{yz}^2-\tau_{zx}^2 \end{aligned} \tag{2-17}$$

$$\begin{aligned} I_3 &= \begin{vmatrix} \sigma_{xx} & \tau_{xy} & \tau_{xz} \\ \tau_{yx} & \sigma_{yy} & \tau_{yz} \\ \tau_{zx} & \tau_{zy} & \sigma_{zz} \end{vmatrix} \\ &=\sigma_{xx}\sigma_{yy}\sigma_{zz}+2\tau_{xy}\tau_{yz}\tau_{zx}-\sigma_{xx}\tau_{yz}^2-\sigma_{yy}\tau_{zx}^2-\sigma_{zz}\tau_{xy}^2 \end{aligned} \tag{2-18}$$

式（2-15）是应力状态的特征方程，它有 3 个实根即 3 个主应力 σ_1、σ_2、σ_3，且 3 个主应力作用的主平面是互相垂直的。主平面的法线方向是应力张量的主轴，主轴方向与原坐标系 x、y、z 是无关的。在应力主轴空间中定义的单元体，只有主应力而无剪应力，即

$$\boldsymbol{S}=[\sigma_{ij}]=\begin{bmatrix} \sigma_1 & 0 & 0 \\ 0 & \sigma_2 & 0 \\ 0 & 0 & \sigma_3 \end{bmatrix} \tag{2-19}$$

因为主应力（σ_1，σ_2，σ_3）是式（2-15）的 3 个根，所以式（2-15）可以写成

$$(S-\sigma_1)(S-\sigma_2)(S-\sigma_3)=0 \tag{2-20}$$

展开后并将它与式（2-15）比较，可知

$$I_1=\sigma_1+\sigma_2+\sigma_3 \tag{2-21a}$$

$$I_2=\sigma_1\sigma_2+\sigma_2\sigma_3+\sigma_3\sigma_1 \tag{2-21b}$$

$$I_3=\sigma_1\sigma_2\sigma_3 \tag{2-21c}$$

可见，在给定外荷载作用下，3 个主应力的大小和方向是确定的，而与坐标方向无关。由此得到 I_1、I_2、I_3 的大小与选取的坐标系无关，它们被称为应力张量不变量。

2.2.2 应力张量的分解

应力张量 S 可以分解为两部分，即

$$S_{ij} = S'_{ij} + S''_{ij} \tag{2-22}$$

其中

$$S'_{ij} = \begin{bmatrix} \sigma_m & 0 & 0 \\ 0 & \sigma_m & 0 \\ 0 & 0 & \sigma_m \end{bmatrix} \tag{2-23}$$

式中，σ_m 为平均法向应力，即

$$\sigma_m = \frac{1}{3}(\sigma_{xx} + \sigma_{yy} + \sigma_{zz}) = \frac{1}{3}(\sigma_1 + \sigma_2 + \sigma_3) \tag{2-24}$$

显然

$$S''_{ij} = \begin{bmatrix} \sigma_x - \sigma_m & \tau_{xy} & \tau_{xz} \\ \tau_{yx} & \sigma_y - \sigma_m & \tau_{yz} \\ \tau_{zx} & \tau_{zy} & \sigma_z - \sigma_m \end{bmatrix} \tag{2-25}$$

S'_{ij} 为应力球张量，S''_{ij} 为应力偏张量。在传统弹塑性力学中，体变只取决于应力球张量，形变只取决于应力偏张量。应力偏张量 S''_{ij} 也是二阶对称张量，也有 3 个不变量，即

$$J_1 = \sigma_x + \sigma_y + \sigma_z - 3\sigma_m = 0 \tag{2-26}$$

$$J_2 = \frac{1}{6}\left[(\sigma_1 - \sigma_2)^2 + (\sigma_2 - \sigma_3)^2 + (\sigma_3 - \sigma_1)^2\right] \tag{2-27}$$

$$J_3 = \begin{vmatrix} S'_x & S_{xy} & S_{xz} \\ S_{yx} & S'_y & S_{yz} \\ S_{zx} & S_{zy} & S'_z \end{vmatrix} = S'_1 S'_2 S'_3 \tag{2-28}$$

所以，一点的应力状态可用应力不变量 I_1、I_2、I_3 表示，也可采用应力偏张量不变量 J_2、J_3 表示。同样，应力张量第一不变量 I_1 与体积改变有关，而应力偏张量第二不变量 J_2 与形态应变能有关，它们在塑性力学中有着重要作用。

2.3 应力状态的正应力表示

如果已知某点的应力状态，则由式（2-6）可以得到任意方向上的正应力。设 6 个不同方向上的正应力分别是 σ_i（$i=1$，2，3，4，5，6），则式（2-6）可以扩展为[32,33]

$$\begin{Bmatrix} \sigma_1 \\ \sigma_2 \\ \sigma_3 \\ \sigma_4 \\ \sigma_5 \\ \sigma_6 \end{Bmatrix} = \begin{Bmatrix} l_1^2 & m_1^2 & n_1^2 & 2l_1m_1 & 2m_1n_1 & 2n_1l_1 \\ l_2^2 & m_2^2 & n_2^2 & 2l_2m_2 & 2m_2n_2 & 2n_2l_2 \\ l_3^2 & m_3^2 & n_3^2 & 2l_3m_3 & 2m_3n_3 & 2n_3l_3 \\ l_4^2 & m_4^2 & n_4^2 & 2l_4m_4 & 2m_4n_4 & 2n_4l_4 \\ l_5^2 & m_5^2 & n_5^2 & 2l_5m_5 & 2m_5n_5 & 2n_5l_5 \\ l_6^2 & m_6^2 & n_6^2 & 2l_6m_6 & 2m_6n_6 & 2n_6l_6 \end{Bmatrix} \begin{Bmatrix} \sigma_x \\ \sigma_y \\ \sigma_z \\ \sigma_{xy} \\ \sigma_{yz} \\ \sigma_{zx} \end{Bmatrix} \quad (2\text{-}29)$$

其中，l_i，m_i，n_i 分别是第 i 个正应力的方向向量。若

$$\boldsymbol{T} = \begin{Bmatrix} l_1^2 & m_1^2 & n_1^2 & 2l_1m_1 & 2m_1n_1 & 2n_1l_1 \\ l_2^2 & m_2^2 & n_2^2 & 2l_2m_2 & 2m_2n_2 & 2n_2l_2 \\ l_3^2 & m_3^2 & n_3^2 & 2l_3m_3 & 2m_3n_3 & 2n_3l_3 \\ l_4^2 & m_4^2 & n_4^2 & 2l_4m_4 & 2m_4n_4 & 2n_4l_4 \\ l_5^2 & m_5^2 & n_5^2 & 2l_5m_5 & 2m_5n_5 & 2n_5l_5 \\ l_6^2 & m_6^2 & n_6^2 & 2l_6m_6 & 2m_6n_6 & 2n_6l_6 \end{Bmatrix} \quad (2\text{-}30)$$

则

$$\{\sigma_i\} = \boldsymbol{T}\{\sigma_j\} \quad (2\text{-}31)$$

其中，$j=x$，y，z，xy，yz，zx。定义 $\boldsymbol{T}$ 为转换矩阵，如果

$$R(\boldsymbol{T}) = 6 \quad (2\text{-}32)$$

则转换矩阵 $\boldsymbol{T}$ 可逆，那么

$$\{\sigma_j\} = \boldsymbol{T}^{-1}\{\sigma_i\} \quad (2\text{-}33)$$

矩阵 T 可逆的充分必要条件是该矩阵满秩。因此，只要合理设置 6 个法线方向，使其满足矩阵 $\boldsymbol{T}$ 的可逆条件，就可以利用这 6 个方向上的正应力完整地表示该点的应力状态，如图 2-2 所示。

因此，与其他物理量可以有不同的表示方法相似，应力状态的

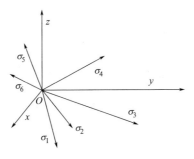

图 2-2　应力状态的正应力表示

表示也不是固定不变的，也可以有多种不同的形式。为了使用上的方便，可以采用不同特定形式的应力状态表示方法，具体详见后文 4.2 节。

2.4　主应力状态的正多面体表示

主应力是传统塑性力学中的基本概念，是屈服准则、流动法则和硬化参量的重要参数。

2.4.1　三维应力状态的主应力形式

对于各向同性材料，三维应力状态即 3 个正应力＋3 个剪应力的表示方法与其主应力表示方法是等效的。通过适当的坐标旋转，可以得到一般三维应力状态的主应力形式，其值可以通过求解式 (2-15) 得到，如图 2-3 所示。

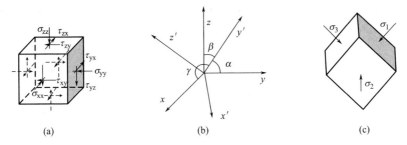

图 2-3　应力状态的转换

（a）一般状态；（b）坐标旋转；（c）主应力形式

2.4.2 正四面体正应力

四个面都是全等的正三角形的四面体称为正四面体。设一个正四面体单元 $OABC$，它在主应力空间（σ_1，σ_2，σ_3）里的位置如图 2-4 所示。平面 ACB、BCO、OCA、OAB 分别定义为 α、β、γ 和 ω。则根据式（2-6）可以得到各平面上的正应力 σ_α、σ_β、σ_γ、σ_ω，其值分别为

$$\sigma_\alpha = \sigma_1 l_\alpha^2 + \sigma_2 m_\alpha^2 + \sigma_3 n_\alpha^2 \tag{2-34a}$$

$$\sigma_\beta = \sigma_1 l_\beta^2 + \sigma_2 m_\beta^2 + \sigma_3 n_\beta^2 \tag{2-34b}$$

$$\sigma_\gamma = \sigma_1 l_\gamma^2 + \sigma_2 m_\gamma^2 + \sigma_3 n_\gamma^2 \tag{2-34c}$$

$$\sigma_\omega = \sigma_1 l_\omega^2 + \sigma_2 m_\omega^2 + \sigma_3 n_\omega^2 \tag{2-34d}$$

其中，l_α、m_α、n_α，l_β、m_β、n_β，l_γ、m_γ、n_γ，l_ω、m_ω、n_ω 分别为平面 α、β、γ 和 ω 的法线在 x、y、z 三个坐标轴上的方向向量。

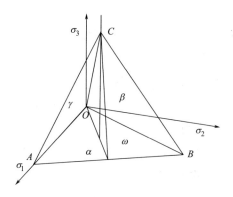

图 2-4　正四面体在主应力空间中的位置

对于图 2-4 所示的正四面体，其四个平面法线的方位角和方向向量 l、m、n 如表 2-1 所示。根据表 2-1 可以得到图 2-4 所示正四面体各平面上的正应力，即

$$\sigma_\alpha = 0.667\sigma_1 + 0.222\sigma_2 + 0.111\sigma_3 \tag{2-35a}$$

$$\sigma_\beta = 0.667\sigma_1 + 0.222\sigma_2 + 0.111\sigma_3 \tag{2-35b}$$

$$\sigma_\gamma = 0\sigma_1 + 0.889\sigma_2 + 0.111\sigma_3 \tag{2-35c}$$

$$\sigma_\omega = 0\sigma_1 + 0\sigma_2 + 1\sigma_3 \tag{2-35d}$$

因此

$$\sigma_\alpha + \sigma_\beta + \sigma_\gamma + \sigma_\omega = 1.333(\sigma_1 + \sigma_2 + \sigma_3) \qquad (2\text{-}36)$$

进一步得到

$$\frac{(\sigma_\alpha + \sigma_\beta + \sigma_\gamma + \sigma_\omega)}{4} = \frac{(\sigma_1 + \sigma_2 + \sigma_3)}{3} = \sigma_m \qquad (2\text{-}37)$$

正四面体各平面法线的方向向量　　　　　　　表 2-1

参数	$ACB(\alpha)$	$BCO(\beta)$	$OCA(\gamma)$	$OAB(\omega)$
$\delta(°)$	70.53	70.53	70.53	180
$\varphi(°)$	30	150	270	0
l	0.817	-0.817	0	0
m	0.471	0.471	-0.943	0
n	0.333	0.333	0.333	-1

由式（2-34）得到

$$\sigma_\alpha + \sigma_\beta + \sigma_\gamma + \sigma_\omega = \sigma_1(l_\alpha^2 + l_\beta^2 + l_\gamma^2 + l_\omega^2) + \sigma_2(l_\alpha^2 + l_\beta^2 + l_\gamma^2 + l_\omega^2) \\ + \sigma_3(l_\alpha^2 + l_\beta^2 + l_\gamma^2 + l_\omega^2) \qquad (2\text{-}38)$$

根据几何学理论，对于正四面体，不管其方位如何，始终存在

$$l_\alpha^2 + l_\beta^2 + l_\gamma^2 + l_\omega^2 = \frac{4}{3} \qquad (2\text{-}39)$$

因此，σ_α、σ_β、σ_γ、σ_ω 中的任意 3 个，都可以等效地表示该点的主应力状态。

2.4.3 正八面体应力

任一 π 平面在第一象限截取的部分都是一个等边三角形。该三角形与其在其他 7 个象限的镜像，构成一个正八面体。该正八面体的对角面为正方形，共有 3 个，且两两垂直，如图 2-5 所示。图 2-1 中的应力矢量可以表示在该八面体的表面上，称之为八面体应力。八面体上的法向应力为

$$\sigma_{oct} = p = \frac{1}{3}(\sigma_1 + \sigma_2 + \sigma_3) = \frac{1}{3}(\sigma_x + \sigma_y + \sigma_z) \qquad (2\text{-}40)$$

八面体上的剪应力为

$$\tau_{oct} = \frac{1}{3}\sqrt{(\sigma_1 - \sigma_2)^2 + (\sigma_2 - \sigma_3)^2 + (\sigma_3 - \sigma_1)^2} \qquad (2\text{-}41)$$

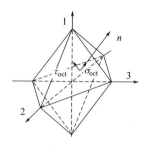

图 2-5 正八面体和八面体应力

八面体上的剪应力与应力偏张量第二不变量的关系为

$$\tau_{oct} = \sqrt{\frac{2}{3} J_2} \tag{2-42}$$

八面体剪应力在 π 平面上的方向可以用应力洛德角 θ_σ 表示，且有

$$\tan\theta_\sigma = \frac{2\sigma_2 - \sigma_1 - \sigma_3}{\sqrt{3}(\sigma_1 - \sigma_3)} \tag{2-43}$$

2.4.4　正多面体应力的统一表示

定义正四面体 4 个面上正应力的绝对值之和为 σ^4，则由式（2-39）得到

$$\sigma^4 = 1.333 I_1 = \frac{4}{3} I_1 \tag{2-44}$$

定义正方体 6 个面上正应力绝对值之和为 σ^6，则

$$\sigma^6 = 2\sigma_1 + 2\sigma_2 + 2\sigma_3 = 2 I_1 = \frac{6}{3} I_1 \tag{2-45}$$

定义正八面体 8 个面上正应力绝对值之和为 σ^8，则

$$\sigma^8 = 8 \times \frac{1}{3} I_1 = \frac{8}{3} I_1 \tag{2-46}$$

除了常规应力状态表示方法、八面体应力表示方法外，十二面体应力表示方法是较常用的应力状态表示方法，如图 2-6 所示。十二面体应力各分量与常规主应力的关系为

$$\sigma_{13} = \frac{1}{2}(\sigma_1 + \sigma_3) \tag{2-47a}$$

$$\sigma_{12} = \frac{1}{2}(\sigma_1 + \sigma_2) \qquad (2\text{-}47\text{b})$$

$$\sigma_{23} = \frac{1}{2}(\sigma_2 + \sigma_3) \qquad (2\text{-}47\text{c})$$

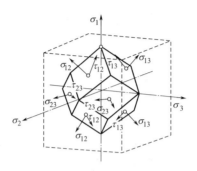

图 2-6　十二面体及十二面体应力

同样，定义十二面体 12 个面上正应力绝对值之和为 σ^{12}，则

$$\sigma^{12} = 4 \times (\sigma_{13} + \sigma_{12} + \sigma_{23}) = 4 \times (\sigma_1 + \sigma_2 + \sigma_3) = \frac{12}{3}I_1$$

$$(2\text{-}48)$$

由式（2-44）～式（2-46）及式（2-48）可知，正 k 面体所有面上的正应力绝对值之和可能为

$$\sigma^k = \frac{k}{3}I_1 \qquad (2\text{-}49)$$

由几何学可知，除了正四面体、正八面体和正十二面体之外，另外一个正多面体是正二十面体。由式（2-49）可以得到

$$\sigma^{20} = \frac{20}{3}I_1 \qquad (2\text{-}50)$$

2.5　主应力空间

一点应力状态的常规表示是以 6 个应力分量描述的，因此以 6 个分量为坐标轴的高维空间中的任何一点都表示一点的应力状态，但六维应力空间无法直观展示出来。对于各向同性材料，经常以主

应力 σ_1、σ_2、σ_3 在主应力空间中的位置或向量表示一点应力状态，如图 2-7（a）所示。

如应力偏张量为零，即

$$S'_1 = S'_2 = S'_3 = 0 \tag{2-51}$$

则此时只有应力球张量，也就是处于各向等压状态，即

$$\sigma_1 = \sigma_2 = \sigma_3 = \sigma_m \tag{2-52}$$

在主应力空间中，它的轨迹是经过坐标原点并且与坐标轴有相同夹角的直线，即等倾线。等倾线的三个方向余弦相等，即 $l = m = n$。由于 $l^2 + m^2 + n^2 = 1$，因此

$$l = m = n = \frac{1}{\sqrt{3}} \tag{2-53}$$

因此，等倾线与三个坐标轴的夹角为

$$\arccos(l) = \arccos(m) = \arccos(n) = 55°44' \tag{2-54}$$

在三轴压缩试验中，应力条件（$\sigma_2 = \sigma_3$）所代表的点落在平面 $BOCA$ 上。因此，可以将三轴试验成果表示在以 σ_1 为纵坐标轴，以 $\sqrt{2}\sigma_2$ 或 $\sqrt{2}\sigma_3$ 为横坐标轴的平面坐标系中。在三轴伸长（挤长）试验中，应力条件（$\sigma_1 = \sigma_2$）所代表的点落在平面 $OFGH$ 上。因此，可以将三轴试验成果表示在以 σ_3 为纵坐标轴，以 $\sqrt{1}\sigma_2$ 或 $\sqrt{2}\sigma_3$ 为横坐标轴的平面坐标系中，如图 2-7（a）所示。

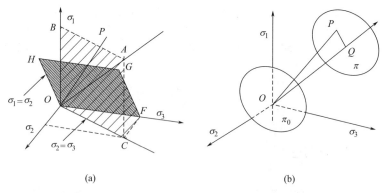

(a)   (b)

图 2-7　三轴试验应力状态在主应力空间中位置

（a）三轴压缩与三轴伸长；（b）等 p 试验

对平均应力为常数的力学过程，即 $(\sigma_1+\sigma_2+\sigma_3)=3\sigma_m=$ 常数，其运动轨迹必定在一个与等倾线垂直的平面上，该平面被称为 π 平面，其方程为

$$\sigma_1+\sigma_2+\sigma_3=C \tag{2-55}$$

任何一个主应力向量 OP 可以由其在等倾线上的投影 OQ、在 π 平面上的投影 QP 和方向（应力罗德角 θ_σ）唯一确定，如图 2-7（b）所示。向量 OQ 相当于应力球张量，而 π 平面上的投影 QP 则为应力偏张量，应力罗德角 θ_σ 表示中主应力的位置。进行应力分析时，需要研究应力球张量 OQ，还需要研究 π 平面上的应力偏张量 QP，故 π 平面也被称为偏平面。

2.6　应力路径

对于弹性材料，变形是由初始应力状态和最终应力状态确定的，与路径无关。对于塑性材料，变形不但取决于初始应力状态和最终应力状态，还取决于应力各分量的变化过程即应力路径。三维应力状态有 6 个应力分量，因此其应力路径是六维的。在主应力空间中，三维应力状态的应力路径是三维的，具有简单、直观等特点，应用广泛。根据研究目的的不同，可以将应力路径表示在不同的坐标系中。

2.6.1　主应力空间中的应力路径

主应力空间中的应力路径即在 σ_1、σ_2、σ_3 空间中的应力路径，根据是否包含孔隙水压力，分为总应力路径和有效应力路径。显然，总应力路径与有效应力路径之间的距离等于孔隙水压力。比如，某一三轴试样进行三个加载过程：①等压加载；②维持围压不变，增加轴压；③保持轴压不变，增大围压。则对应的应力路径如图 2-8 所示。其中，$O'A'$ 对应于 σ_1、σ_2 及 σ_3 由 O 点等量增加；AB 对应于 σ_1 增加而 σ_2 和 σ_3 保持不变；BC 对应于 σ_2 和 σ_3 增加而 σ_1 保持不变。为避免三维应力空间中应力路径在直观性方面的缺点，可以将三轴试验的应力路径表示在平面 $\sigma_1-\sigma_3$。因此，图 2-8（b）中的应力路径 $O'A'B'C'$ 与图 2-8（a）中的应力路径 $OABC$ 具有相同的加载过程。

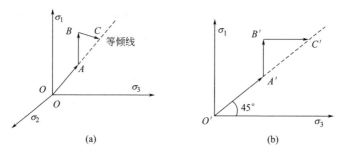

图 2-8 主应力空间中的应力路径

（a）三维主应力空间；（b）二维主应力空间

2.6.2 在坐标系 t-s' 和 t-s 中的表示

不考虑中主应力作用时，三轴试验中的总应力状态和有效应力状态都可以用 Mohr 圆表示。总应力 Mohr 圆的位置和大小可用该 Mohr 圆的顶点 M（t，s）表示，因而可采用在（s，t）平面上绘制 M 点轨迹的办法来描述加载历史。同样，可以采用有效应力 Mohr 圆顶点运行的轨迹描述有效应力路径。在（σ，τ）平面上，总应力 Mohr 圆的顶点 M（t，s）为

$$\begin{cases} t = \dfrac{1}{2}(\sigma_1 - \sigma_3) \\[2mm] s = \dfrac{1}{2}(\sigma_1 + \sigma_3) \end{cases} \tag{2-56}$$

有效应力 Mohr 圆的顶点 M'（t'，s'）为

$$\begin{cases} t' = \dfrac{1}{2}(\sigma'_1 - \sigma'_3) \\[2mm] s' = \dfrac{1}{2}(\sigma'_1 + \sigma'_3) \end{cases} \tag{2-57}$$

因此

$$\begin{cases} t' = t \\ s' = s - u \end{cases} \tag{2-58}$$

可见，t-s 绘制的总应力与 t-s' 绘制的有效力路径在水平方向的距离为孔隙水压力 u。在平面（σ，τ）上绘制图 2-9（a）所示的三轴试验加载过程，其结果如图 2-9（b）所示。

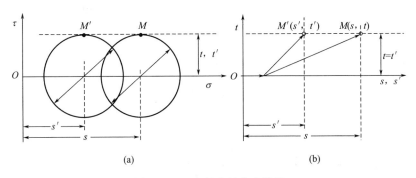

图 2-9　s-t 空间中的应力路径

式（2-57）的微分为

$$\mathrm{d}t' = \frac{1}{2}(\mathrm{d}\sigma_1' - \mathrm{d}\sigma_3')$$

$$\mathrm{d}s' = \frac{1}{2}(\mathrm{d}\sigma_1' + \mathrm{d}\sigma_3')$$

$$(2\text{-}59)$$

对于图 2-8（b）$A' \rightarrow B'$，$\mathrm{d}\sigma_3' = 0$ 且 $\mathrm{d}t / \mathrm{d}s' = 1$；同样，对于 $B' \rightarrow C'$，$\mathrm{d}\sigma_1' = 0$ 且 $\mathrm{d}t / \mathrm{d}s' = -1$。由于有效应力与总应力的差值为孔隙水压力，因此 M 与 M' 在水平方向上的距离为孔隙水压力 u。

2.6.3　在坐标系 q'-p' 和 q-p 中的表示

在三轴试验中，应力路径经常表示在 p、q 坐标系中，其中

$$p = \frac{1}{3}(\sigma_1 + \sigma_2 + \sigma_3) \tag{2-60}$$

$$q = \frac{1}{\sqrt{2}}\sqrt{(\sigma_1 - \sigma_2)^2 + (\sigma_2 - \sigma_3)^2 + (\sigma_3 - \sigma_1)^2} \tag{2-61}$$

一般三轴试验各向等压固结过程的应力路径如图 2-10 中的直线 AD 所示；而 K_0 固结过程其应力路径则为直线 AC 所示。原状试样在取样之前处于 K_0 应力状态，如果给原状试样施加等压固结过程，则其表现出来的力学特性由于受前期 K_0 固结诱导的初始各向异性影响而失真。将常规 p、q 坐标系进行平移和旋转，得到新的 p'、q' 坐标系，则这种处理方式可以反映试样原始各向异性对后期应力状态的影响。变换后的拉压破坏线为考虑了初始各向异性的拉压破坏线，其在 p、q 坐标系里的表达式为

$$f'\left(p,q,m\frac{\pi}{6}\right)=\left[q-(1-K_0)\gamma z\right]-\frac{\tan\omega+\dfrac{6\sin\varphi}{3m\sin\varphi}}{1-\tan\omega\dfrac{6\sin\varphi}{3m\sin\varphi}}p$$

$$-\left(\frac{6\cos\varphi}{3m\sin\varphi}c-\frac{1+2K_0}{3}\gamma z\right)=0 \tag{2-62}$$

其中，π 为圆周率，K_0 为静止土压力系数，γ 为土重度，z 为土层厚度，ω 为 K_0 加载应力路径与各向等压加载路径之间的夹角，c 为土的极限黏聚力，φ 为土的内摩擦角。式（2-62）中，在 p、q 坐标系里的截距分别为

$$\frac{C_c'}{C_e'}=\frac{6\cos\varphi}{3m\sin\varphi}c-\frac{1+2K_0}{3}\gamma z \tag{2-63}$$

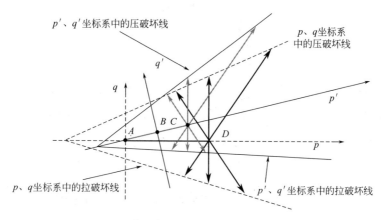

图 2-10 p'、q' 坐标系与 p、q 坐标系的关系

p'、q' 与 p、q 之间的关系为

$$p'=p\cos\omega+q\sin\omega-p_0 \tag{2-64}$$

$$q'=-p\sin\omega+q\cos\omega-q_0 \tag{2-65}$$

考虑试样的前期固结特性后，可以定义对原状试样变形有实质意义的应力，并将其定义为当前应力与前期固结应力的差值。对于常规三轴压缩试验，对应的实质围压 σ_3^e 和实质轴压 σ_1^e 分别为

$$\sigma_1^e=\frac{3p'+2q'}{3} \tag{2-66}$$

$$\sigma_3^e = \frac{3p' - q'}{3} \tag{2-67}$$

因此，在 p、q 坐标系里，实质应力的压、拉破坏线分别为

$$\lambda_1 q - \lambda_2 p + \lambda_3 = 0 \tag{2-68}$$

$$\lambda_4 q - \lambda_5 p + \lambda_6 = 0 \tag{2-69}$$

其中，λ_1、λ_2、λ_3、λ_4、λ_5、λ_6 分别是与 ω、φ 有关的系数。

第3章 应变状态及其表示方法

描述土状态的参数除了应力之外，还包括应变状态、应变历史和应变路径。与应力状态相类似，根据研究对象和研究目的的不同，应变状态也有不同的表示方法。

3.1 一点应变状态

与应力一样，一点应变状态通常表示在一个正方形或正方体单元体上，如图 3-1 所示。

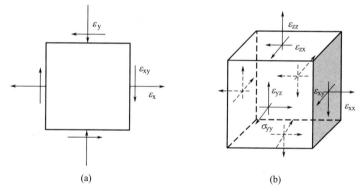

(a)   (b)

图 3-1 一点应变状态的常规表示方法

(a) 二维应变；(b) 三维应变

在柱坐标或球坐标系里，单元体的形状与图 3-1 所示单元体有所不同，但都包括线应变分量和剪应变分量。在三维空间中，一点的应变状态 ε_{ij} 包含九个分量，即

$$\varepsilon_{ij} = \begin{bmatrix} \varepsilon_{xx} & \varepsilon_{xy} & \varepsilon_{xz} \\ \varepsilon_{yx} & \varepsilon_{yy} & \varepsilon_{yz} \\ \varepsilon_{zx} & \varepsilon_{zy} & \varepsilon_{zz} \end{bmatrix} \tag{3-1}$$

式中，ε_{xx}、ε_{yy}、ε_{zz} 分别为对应于 x、y、z 方向的线应变，ε_{xy}、ε_{xz}、ε_{yx}、ε_{yz}、ε_{zx}、ε_{zy} 为剪应变。其中 $\varepsilon_{xy}=\varepsilon_{yx}$、$\varepsilon_{yz}=\varepsilon_{zy}$、$\varepsilon_{zx}=\varepsilon_{xz}$。体应变 ε_v 与 3 个线应变的关系为

$$\varepsilon_v = \varepsilon_{xx} + \varepsilon_{yy} + \varepsilon_{zz} \tag{3-2}$$

应变张量也可分解为两部分，即

$$\varepsilon_{ij} = \begin{bmatrix} \varepsilon_{xx}-\varepsilon_m & \varepsilon_{xy} & \varepsilon_{xz} \\ \varepsilon_{yx} & \varepsilon_{yy}-\varepsilon_m & \varepsilon_{yz} \\ \varepsilon_{zx} & \varepsilon_{zy} & \varepsilon_{zz}-\varepsilon_m \end{bmatrix} + \begin{bmatrix} \varepsilon_m & 0 & 0 \\ 0 & \varepsilon_m & 0 \\ 0 & 0 & \varepsilon_m \end{bmatrix} \tag{3-3}$$

式中，ε_m 为平均线应变，即

$$\varepsilon_m = \frac{1}{3}(\varepsilon_{xx} + \varepsilon_{yy} + \varepsilon_{zz}) = \frac{1}{3}\varepsilon_v \tag{3-4}$$

式（3-3）可简写为

$$\varepsilon_{ij} = \varepsilon'_{ij} + \varepsilon''_{ij} \tag{3-5}$$

其中

$$\varepsilon'_{ij} = \begin{bmatrix} \varepsilon_{xx}-\varepsilon_m & \varepsilon_{xy} & \varepsilon_{xz} \\ \varepsilon_{yx} & \varepsilon_{yy}-\varepsilon_m & \varepsilon_{yz} \\ \varepsilon_{zx} & \varepsilon_{zy} & \varepsilon_{zz}-\varepsilon_m \end{bmatrix} \tag{3-6}$$

$$\varepsilon''_{ij} = \begin{bmatrix} \varepsilon_m & 0 & 0 \\ 0 & \varepsilon_m & 0 \\ 0 & 0 & \varepsilon_m \end{bmatrix} \tag{3-7}$$

式（3-6）表示剪切变形，称为应变偏张量；式（3-7）表示体积改变，称为应变球张量。另外，式（3-7）可以简写为

$$\varepsilon''_{ij} = \varepsilon_m \delta_{ij} \tag{3-8}$$

3.2　应变状态的分解

通过坐标旋转，总可以找到 3 个互相垂直的方向，且沿这些方向的线应变是主应变 ε_1、ε_2、ε_3，而相应的剪应变为零，这 3 个方向称为应变主方向，即

$$\varepsilon_{ij} = \begin{bmatrix} \varepsilon_1 & 0 & 0 \\ 0 & \varepsilon_2 & 0 \\ 0 & 0 & \varepsilon_3 \end{bmatrix} \tag{3-9}$$

与主应力张量相似，3个主应变的数值可由式（3-10）求得，即

$$\varepsilon^3 - I'_1\varepsilon^2 - I'_2\varepsilon - I'_3 = 0 \qquad (3\text{-}10)$$

式中

$$I'_1 = \varepsilon_{xx} + \varepsilon_{yy} + \varepsilon_{zz} = \varepsilon_1 + \varepsilon_2 + \varepsilon_3 \qquad (3\text{-}11a)$$

$$I'_2 = -(\varepsilon_{xx}\varepsilon_{yy} + \varepsilon_{yy}\varepsilon_{zz} + \varepsilon_{zz}\varepsilon_{xx}) + \varepsilon_{xy}^2 + \varepsilon_{yz}^2 + \varepsilon_{zx}^2$$
$$= -(\varepsilon_1\varepsilon_2 + \varepsilon_2\varepsilon_3 + \varepsilon_3\varepsilon_1) \qquad (3\text{-}11b)$$

$$I'_3 = \begin{vmatrix} \varepsilon_{xx} & \varepsilon_{xy} & \varepsilon_{xz} \\ \varepsilon_{yx} & \varepsilon_{yy} & \varepsilon_{yz} \\ \varepsilon_{zx} & \varepsilon_{zy} & \varepsilon_{zz} \end{vmatrix} = \varepsilon_1\varepsilon_2\varepsilon_3 \qquad (3\text{ }11c)$$

其中，I'_1、I'_2、I'_3 的大小与坐标系的选择无关，分别称为第一、第二、第三应变不变量。

3.3 应变空间和应变路径

由式（3-1）得到，一点的应变状态是用6个应变分量描述的。如果以这6个分量为坐标轴，则可以在六维空间中用一点的位置表示应变状态。相应的，应变状态的变化可以用应变空间中的某一曲线表示。对于各向同性材料，可以用主应变 ε_1、ε_2、ε_3 空间代替式（3-1）所示的六维空间来表示应变状态。由于主应变空间是三维的，比较直观简单，因此广泛用于描述应变状态及其演变过程。

主应变 ε_1、ε_2、ε_3 空间中的应变状态轨迹称为应变路径。比如重塑土（可以认为是均质各向同性的）在等向固结时的应变满足 $\varepsilon_1 = \varepsilon_2 = \varepsilon_3 > 0$，即3个主应变相等且均为压缩。若在保持固结应力不变的同时进行轴向压缩，则其应变状态满足 $\varepsilon_1 > 0 > \varepsilon_2 = \varepsilon_3$，即轴向处于压缩状态而径向处于膨胀状态。两个阶段的应变路径如图3-2（a）所示，其中 $O \to A$ 为等向固结阶段，$A \to B$ 为剪切阶段，$O \to A \to B$ 位于平面 $\varepsilon_2 = \varepsilon_3$ 内。由于 $\varepsilon_2 = \varepsilon_3$，图3-2（a）所示应力路径可以简化为图3-2（b）所示二维空间中的应力路径。

在平面应变中，应变状态也可以用一个应变Mohr圆表示，如图3-3所示。与应力Mohr圆一样，应变Mohr圆以法向应变为横

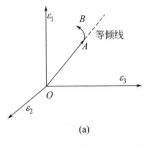
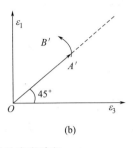

(a)　　　　　　　　　　　　　　　　　(b)

图 3-2　重塑土固结和轴向压缩时的应变路径

（a）三维主应变空间；（b）二维主应变空间

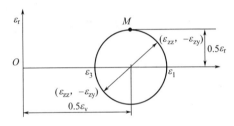

图 3-3　平面应变状态的应变 Mohr 圆

坐标轴，以纯剪应变 ε_r 为纵坐标轴。该 Mohr 圆的位置和大小可由其顶点 M 的坐标表示。

$$\varepsilon_r = \sqrt{(\varepsilon_{yy} - \varepsilon_{zz})^2 + 4\varepsilon_{yz}^2} \tag{3-12}$$

$$\varepsilon_v = \varepsilon_{yy} + \varepsilon_{zz} \tag{3-13}$$

若以主应变表示，则

$$\varepsilon_r = \varepsilon_1 - \varepsilon_3 \tag{3-14}$$

$$\varepsilon_v = \varepsilon_1 + \varepsilon_3 \tag{3-15}$$

3.4　应变状态的线应变表示

常规应变状态的表示即基于正六面体的表示包括 3 个线应变和 3 个剪应变，如图 3-1 所示。由于线应变和剪应变的物理意义不同，因此描述受力体的变形特点、研究材料的破坏特征、指导研发测试设备等工作均需要针对这两种不同的应变展开。如果能用单一应变形式表示一点完整的应变状态，即只用线应变或只用剪应变表示三维应变状态，则将大大简化以上工作的难度。

若已知一点的应变状态为 $\varepsilon = \{\varepsilon_{xx}, \varepsilon_{yy}, \varepsilon_{zz}, \varepsilon_{xy}, \varepsilon_{yz}, \varepsilon_{zx}\}$，则任意方向 OA 的线应变为

$$\varepsilon = \varepsilon_{xx}l^2 + \varepsilon_{yy}m^2 + \varepsilon_{zz}n^2 + 2\varepsilon_{xy}lm + 2\varepsilon_{yz}mn + 2\varepsilon_{zx}nl \quad (3\text{-}16)$$

其中，l、m、n 为 OA 的方向余弦，如图 3-4 所示。亦即，如果知道一点的应变状态，则任意方向的线应变均可通过式（3-16）得到。6 个不同方向上的线应变 ε_i（$i=1, 2, 3, 4, 5, 6$）可以表示为

$$\begin{Bmatrix} \varepsilon_1 \\ \varepsilon_2 \\ \varepsilon_3 \\ \varepsilon_4 \\ \varepsilon_5 \\ \varepsilon_6 \end{Bmatrix} = \begin{Bmatrix} l_1^2 & m_1^2 & n_1^2 & 2l_1m_1 & 2m_1n_1 & 2n_1l_1 \\ l_2^2 & m_2^2 & n_2^2 & 2l_2m_2 & 2m_2n_2 & 2n_2l_2 \\ l_3^2 & m_3^2 & n_3^2 & 2l_3m_3 & 2m_3n_3 & 2n_3l_3 \\ l_4^2 & m_4^2 & n_4^2 & 2l_4m_4 & 2m_4n_4 & 2n_4l_4 \\ l_5^2 & m_5^2 & n_5^2 & 2l_5m_5 & 2m_5n_5 & 2n_5l_5 \\ l_6^2 & m_6^2 & n_6^2 & 2l_6m_6 & 2m_6n_6 & 2n_6l_6 \end{Bmatrix} \begin{Bmatrix} \varepsilon_{xx} \\ \varepsilon_{yy} \\ \varepsilon_{zz} \\ \varepsilon_{xy} \\ \varepsilon_{yz} \\ \varepsilon_{zx} \end{Bmatrix} \quad (3\text{-}17)$$

或简写为

$$\{\varepsilon_i\} = \boldsymbol{T}\{\varepsilon_j\} \quad (3\text{-}18)$$

式中，$j = xx, yy, zz, xy, yz, zx$。转换矩阵 T 为

$$\boldsymbol{T} = \begin{Bmatrix} l_1^2 & m_1^2 & n_1^2 & 2l_1m_1 & 2m_1n_1 & 2n_1l_1 \\ l_2^2 & m_2^2 & n_2^2 & 2l_2m_2 & 2m_2n_2 & 2n_2l_2 \\ l_3^2 & m_3^2 & n_3^2 & 2l_3m_3 & 2m_3n_3 & 2n_3l_3 \\ l_4^2 & m_4^2 & n_4^2 & 2l_4m_4 & 2m_4n_4 & 2n_4l_4 \\ l_5^2 & m_5^2 & n_5^2 & 2l_5m_5 & 2m_5n_5 & 2n_5l_5 \\ l_6^2 & m_6^2 & n_6^2 & 2l_6m_6 & 2m_6n_6 & 2n_6l_6 \end{Bmatrix} \quad (3\text{-}19)$$

如果

$$R(\boldsymbol{T}) = 6 \quad (3\text{-}20)$$

则

$$\{\varepsilon_j\} = \boldsymbol{T}^{-1}\{\varepsilon_i\} \quad (3\text{-}21)$$

因此，如果已知 6 个不同方向上的线应变 ε_i，且由这 6 个方向确定的转换矩阵 $\boldsymbol{T}$ 可逆，则图 3-1 所示的应变状态就可以由这 6 个方向上的线应变等效地表示。

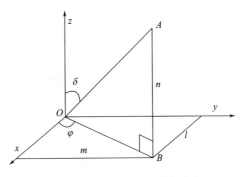

图 3-4　三维空间中的方向余弦

3.5　应变状态的剪应变表示

常规的应变状态除了可以表示为 6 个不同方向上的线应变组合外，还可以表示为特征剪应变的组合，从而也可以实现空间应变状态剪应变的单一表示。

3.5.1　一维应变状态的剪应变表示

一维应变状态也就是只有一个线应变的应变状态。假设在图 3-5 所示的 xOy 坐标系中沿 x 轴方向的线应变为 ε_{xx}，则直角 $x'Oy'$ 的变化量即为旋转 φ 后对应的剪应变 γ_{φ}，其值为

$$\gamma_{\varphi} = -\varepsilon_{xx}\sin 2\varphi \tag{3-22}$$

如果已知角度 φ 和对应的 γ_{α}，则

$$\varepsilon_{xx} = -\gamma_{\varphi}\cos 2\varphi \tag{3-23}$$

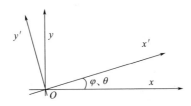

图 3-5　一维应变状态的剪应变表示

可见，一维线应变可以用剪应变表示。即如果采用某种方法得

到角度 φ 对应的剪应变 γ_φ，则通过式（3-23）可以得到该点的一维
线应变。

3.5.2 二维应变状态的剪应变表示

将图 3-5 所示的坐标系 xOy 绕原点 O 分别旋转 φ、θ 后得到新
的坐标系 $x'Oy'$，则二维应变状态（ε_{xx}，ε_{yy}，γ_{xy}）在新坐标系中
的剪应变分别为

$$\gamma_\varphi = -\varepsilon_{xx}\sin2\varphi + \varepsilon_{yy}\sin2\varphi + \gamma_{xy}\cos2\varphi \qquad (3\text{-}24\text{a})$$

$$\gamma_\theta = -\varepsilon_{xx}\sin2\theta + \varepsilon_{yy}\sin2\theta + \gamma_{xy}\cos2\theta \qquad (3\text{-}24\text{b})$$

若材料是不可压缩的，则

$$0 = \varepsilon_{xx} + \varepsilon_{yy} \qquad (3\text{-}25)$$

因此

$$\begin{Bmatrix} \gamma_\varphi \\ \gamma_\theta \\ 0 \end{Bmatrix} = \begin{Bmatrix} -\sin2\varphi & \sin2\varphi & \cos2\varphi \\ -\sin2\theta & \sin2\theta & \cos2\theta \\ 1 & 1 & 0 \end{Bmatrix} \begin{Bmatrix} \varepsilon_{xx} \\ \varepsilon_{yy} \\ \gamma_{xy} \end{Bmatrix} \qquad (3\text{-}26)$$

定义

$$\boldsymbol{\Gamma} = \begin{Bmatrix} -\sin2\varphi & \sin2\varphi & \cos2\varphi \\ -\sin2\theta & \sin2\theta & \cos2\theta \\ 1 & 1 & 0 \end{Bmatrix} \qquad (3\text{-}27)$$

若 $\boldsymbol{\Gamma}$ 的逆阵 $\boldsymbol{\Gamma}^{-1}$ 存在，则

$$\begin{Bmatrix} \varepsilon_{xx} \\ \varepsilon_{yy} \\ \gamma_{xy} \end{Bmatrix} = \boldsymbol{\Gamma}^{-1} \begin{Bmatrix} \gamma_\varphi \\ \gamma_\theta \\ 0 \end{Bmatrix} \qquad (3\text{-}28)$$

可见，图 3-1（a）所示的二维应变状态可以用基于两个不同
角度的剪应变表示。即对于不可压缩材料，两个特征剪应变的表
示方法与图 3-1（a）的表示方法在表述平面应变状态方面是等
效的。

3.5.3 三维应变状态的剪应变表示

根据力学理论，线应变定义为长度的改变量与初始长度的比
值。剪应变定义为以弧度表示的直角的改变量。如果已知某点的三
维应变状态，则可以得到该点任意两个垂直向量夹角的改变量即剪

应变。反过来，如果知道多个垂直向量夹角的改变量，理论上讲也可以得到该点的应变状态。在三维空间中，定义如图 3-6 所示任意两个相互垂直的方向 α、β，如果对应的剪应变为 $\gamma_{\alpha\beta}$，则 $\gamma_{\alpha\beta}$ 与图 3-1(b) 所示三维应变的关系为

$$\gamma_{\alpha\beta} = 2(\varepsilon_{xx}a_1a_2 + \varepsilon_{yy}b_1b_2 + \varepsilon_{zz}c_1c_2) + \gamma_{xy}(a_1b_2 + a_2b_1)$$
$$+ \gamma_{yz}(b_1c_2 + b_2c_1) + \gamma_{zx}(c_1a_2 + c_2a_1) \tag{3-29}$$

其中，a_1、b_1、c_1 和 a_2、b_2、c_2 分别是 α、β 两个方向向量在三个坐标轴上的分量。

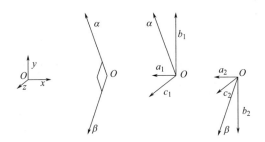

图 3-6　两个垂直方向向量的分解

定义 6 个系数 λ_i，即

$$\lambda_1 = 2a_1a_2 \tag{3-30a}$$

$$\lambda_2 = 2b_1b_2 \tag{3-30b}$$

$$\lambda_3 = 2c_1c_2 \tag{3-30c}$$

$$\lambda_4 = a_1b_2 + a_2b_1 \tag{3-30d}$$

$$\lambda_5 = b_1c_2 + b_2c_1 \tag{3-30e}$$

$$\lambda_6 = c_1a_2 + c_2a_1 \tag{3-30f}$$

则式（3-29）简化为

$$\gamma_{\alpha\beta} = \varepsilon_{xx}\lambda_1 + \varepsilon_{yy}\lambda_2 + \varepsilon_{zz}\lambda_3 + \gamma_{xy}\lambda_4 + \gamma_{yz}\lambda_5 + \gamma_{zx}\lambda_6 \tag{3-31}$$

因此，若已知一点的三维应变状态，则可以得到该点任意方位直角的改变量，即

$$\gamma_{\alpha\beta i} = \varepsilon_{xx}\lambda_{i1} + \varepsilon_{yy}\lambda_{i2} + \varepsilon_{zz}\lambda_{i3} + \gamma_{xy}\lambda_{i4} + \gamma_{yz}\lambda_{i5} + \gamma_{zx}\lambda_{i6} \tag{3-32}$$

因此，5 个方位直角的改变量即 5 个方位的剪应变写成矩阵形式为

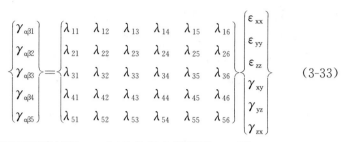

$$\begin{Bmatrix} \gamma_{\alpha\beta1} \\ \gamma_{\alpha\beta2} \\ \gamma_{\alpha\beta3} \\ \gamma_{\alpha\beta4} \\ \gamma_{\alpha\beta5} \end{Bmatrix} = \begin{Bmatrix} \lambda_{11} & \lambda_{12} & \lambda_{13} & \lambda_{14} & \lambda_{15} & \lambda_{16} \\ \lambda_{21} & \lambda_{22} & \lambda_{23} & \lambda_{24} & \lambda_{25} & \lambda_{26} \\ \lambda_{31} & \lambda_{32} & \lambda_{33} & \lambda_{34} & \lambda_{35} & \lambda_{36} \\ \lambda_{41} & \lambda_{42} & \lambda_{43} & \lambda_{44} & \lambda_{45} & \lambda_{46} \\ \lambda_{51} & \lambda_{52} & \lambda_{53} & \lambda_{54} & \lambda_{55} & \lambda_{56} \end{Bmatrix} \begin{Bmatrix} \varepsilon_{xx} \\ \varepsilon_{yy} \\ \varepsilon_{zz} \\ \gamma_{xy} \\ \gamma_{yz} \\ \gamma_{zx} \end{Bmatrix} \tag{3-33}$$

对于不可压缩材料，3 个正应变之和等于 0，即

$$\varepsilon_{xx} + \varepsilon_{yy} + \varepsilon_{zz} = 0 \tag{3-34}$$

式（3-33）与式（3-34）联立得到

$$\begin{Bmatrix} \gamma_{\alpha\beta1} \\ \gamma_{\alpha\beta2} \\ \gamma_{\alpha\beta3} \\ \gamma_{\alpha\beta4} \\ \gamma_{\alpha\beta5} \\ 0 \end{Bmatrix} = \begin{Bmatrix} \lambda_{11} & \lambda_{12} & \lambda_{13} & \lambda_{14} & \lambda_{15} & \lambda_{16} \\ \lambda_{21} & \lambda_{22} & \lambda_{23} & \lambda_{24} & \lambda_{25} & \lambda_{26} \\ \lambda_{31} & \lambda_{32} & \lambda_{33} & \lambda_{34} & \lambda_{35} & \lambda_{36} \\ \lambda_{41} & \lambda_{42} & \lambda_{43} & \lambda_{44} & \lambda_{45} & \lambda_{46} \\ \lambda_{51} & \lambda_{52} & \lambda_{53} & \lambda_{54} & \lambda_{55} & \lambda_{56} \\ 1 & 1 & 1 & 0 & 0 & 0 \end{Bmatrix} \begin{Bmatrix} \varepsilon_{xx} \\ \varepsilon_{yy} \\ \varepsilon_{zz} \\ \gamma_{xy} \\ \gamma_{yz} \\ \gamma_{zx} \end{Bmatrix} \tag{3-35}$$

或简写为

$$\boldsymbol{\gamma}_{\alpha\beta} = \boldsymbol{\lambda}\boldsymbol{\varepsilon} \tag{3-36}$$

其中

$$\boldsymbol{\gamma}_{\alpha\beta} = \{\gamma_{\alpha\beta1} \quad \gamma_{\alpha\beta2} \quad \gamma_{\alpha\beta3} \quad \gamma_{\alpha\beta4} \quad \gamma_{\alpha\beta5} \quad 0\}^{\mathrm{T}} \tag{3-37}$$

$$\boldsymbol{\varepsilon} = \{\varepsilon_{xx} \quad \varepsilon_{yy} \quad \varepsilon_{zz} \quad \gamma_{xy} \quad \gamma_{yz} \quad \gamma_{zx}\}^{\mathrm{T}} \tag{3-38}$$

$$\boldsymbol{\lambda} = \begin{Bmatrix} \lambda_{11} & \lambda_{12} & \lambda_{13} & \lambda_{14} & \lambda_{15} & \lambda_{16} \\ \lambda_{21} & \lambda_{22} & \lambda_{23} & \lambda_{24} & \lambda_{25} & \lambda_{26} \\ \lambda_{31} & \lambda_{32} & \lambda_{33} & \lambda_{34} & \lambda_{35} & \lambda_{36} \\ \lambda_{41} & \lambda_{42} & \lambda_{43} & \lambda_{44} & \lambda_{45} & \lambda_{46} \\ \lambda_{51} & \lambda_{52} & \lambda_{53} & \lambda_{54} & \lambda_{55} & \lambda_{56} \\ 1 & 1 & 1 & 0 & 0 & 0 \end{Bmatrix} \tag{3-39}$$

如果

$$R(\boldsymbol{\lambda}) = 6 \tag{3-40}$$

则 $\{\boldsymbol{\lambda}\}^{-1}$ 存在，因此

$$\boldsymbol{\varepsilon} = \boldsymbol{\lambda}^{-1}\boldsymbol{\gamma}_{\alpha\beta} \tag{3-41}$$

可见，图 3-1（b）所示不可压缩介质的三维应变可以用 5 个剪应变表示。前提条件是，与这 5 个剪应变对应的矩阵式（3-39）必须是可逆的。

3.5.4　基于四棱锥台的剪应变表示

为寻求不可压缩材料三维应变状态的剪应变表示方法，需要寻找 5 个特征剪应变，即需要找到满足式（3-40）的 5 个特征直角。

图 3-7 是一个由立方单元体 $ABCDEFGH$ 切割得到的上部为四棱锥下部为长方体的几何体，这里将其称为四棱锥台。可以通过下面的工艺得到该四棱锥台。首先确定 3 条棱线 AE、BF、EH 的中点，用经过这 3 点的平面切割立方单元体，从而得到切割面 η_1。确定棱线 DH、CG、EH 的中点，同样用经过这 3 点的平面继续切割，可以得到切割面 η_2。显然，平面 η_1 与平面 η_2 是垂直的。类似地，用经过棱线 BF、CG、GH 中点的平面切割以得到切割面 ξ_1，用经过棱线 AE、DH、GH 中点的平面切割以得到切割面 ξ_2。类似于 η_1 与 η_2 的垂直关系，平面 ξ_1 与平面 ξ_2 也是相互垂直的。

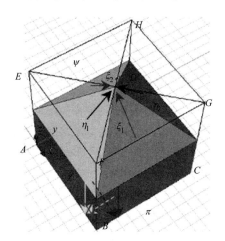

图 3-7　四棱锥台体的几何表示

另外，定义 ABC、ABE、AEH 所在的平面分别为 π、χ 和 ψ。显然，这三个平面中的任意两个都是相互垂直的。所以，平面 π 与平面 χ 之间夹角的变化是一个剪应变，这里记为 $\gamma_{\pi\chi}$。类似的，可

以定义 $\gamma_{\chi\psi}$、$\gamma_{\psi\pi}$、γ_{η}、γ_{ξ} 4 个剪应变。这 5 个剪应变对应的方向向量见表 3-1 所列。

四棱锥台体定义的剪应变方向 表 3-1

剪应变	方向 α			方向 β		
	a_1	b_1	c_1	a_2	b_2	c_2
$\gamma_{\pi\chi}$	0	0	-1	0	-1	0
$\gamma_{\chi\psi}$	0	-1	0	-1	0	0
$\gamma_{\psi\pi}$	-1	0	0	0	0	-1
γ_{ξ}	$\dfrac{\sqrt{2}}{2}$	0	$\dfrac{\sqrt{2}}{2}$	$-\dfrac{\sqrt{2}}{2}$	0	$\dfrac{\sqrt{2}}{2}$
γ_{η}	0	$-\dfrac{\sqrt{2}}{2}$	$\dfrac{\sqrt{2}}{2}$	0	$\dfrac{\sqrt{2}}{2}$	$\dfrac{\sqrt{2}}{2}$

根据式（3-30）关于 λ_i 的定义，可以得到基于表 3-1 数据的 λ_1、λ_2、λ_3、λ_4、λ_5。进一步，根据式（3-39）可以得到基于图 3-7 的系数矩阵，即

$$\boldsymbol{\lambda} = \begin{Bmatrix} 0 & 0 & 0 & 0 & 1 & 0 \\ 0 & 0 & 0 & 1 & 0 & 0 \\ 0 & 0 & 0 & 0 & 0 & 1 \\ -1 & 0 & 1 & 0 & 0 & 0 \\ 0 & -1 & 1 & 0 & 0 & 0 \\ 1 & 1 & 1 & 0 & 0 & 0 \end{Bmatrix} \qquad (3\text{-}42)$$

矩阵式（3-42）的逆阵为

$$\boldsymbol{\lambda}^{-1} = \begin{Bmatrix} 0 & 0 & 0 & -0.667 & 0.333 & 0.333 \\ 0 & 0 & 0 & 0.333 & -0.667 & 0.333 \\ 0 & 0 & 0 & 0.333 & 0.333 & 0.333 \\ 0 & 1 & 0 & 0 & 0 & 0 \\ 1 & 0 & 0 & 0 & 0 & 0 \\ 0 & 0 & 1 & 0 & 0 & 0 \end{Bmatrix} \qquad (3\text{-}43)$$

因此，图 3-7 所示的 5 个剪应变可以用来等效地表示不可压缩

介质以图 3-1（b）表示的三维应变状态。即图 3-7 所示的应变状态
与图 3-1（b）所示的应变状态是等效的，从而实现了以剪应变表示
三维应变的目的。

3.5.5 基于旋转四面体的剪应变表示

如图 3-8 所示，以 B、D、E 这 3 个顶点确定的平面切割立方
单元体 $ABCDEFGH$ 得到四面体 $ABDE$。复制四面体 $ABDE$ 并沿
直线 AG 旋转 $60°$ 从而得到 $AB'D'E'$。这里将平面 $AB'E'$、$AE'D'$、
$AD'B'$ 分别定义为 ξ、η、ζ。可以得到 ξ、η、ζ 这 3 个平面的法线
向量，其值分别为（0.667，0.667，-0.333）、（0.667，-0.333，
0.667）和（-0.333，0.667，0.667）。

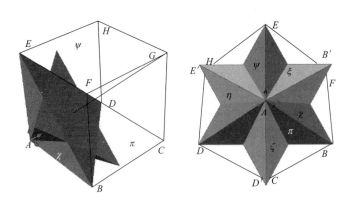

图 3-8　直角四面体和旋转直角四面体

另外，定义立方单元体初始位置 ABC、ABE、AEH 所在的
平面分别为 π、χ 和 ψ。根据式（3-30）和式（3-39）可以得到

$$\lambda = \begin{Bmatrix} 0 & 0 & 0 & 0 & 1 & 0 \\ 0 & 0 & 0 & 1 & 0 & 0 \\ 0 & 0 & 0 & 0 & 0 & 1 \\ 0.890 & -0.444 & -0.444 & 0.223 & 0.556 & 0.223 \\ -0.444 & -0.444 & 0.890 & 0.556 & 0.223 & 0.223 \\ 1 & 1 & 1 & 0 & 0 & 0 \end{Bmatrix}$$

$$(3-44)$$

$$\boldsymbol{\lambda}^{-1} = \left\{ \begin{matrix} -0.417 & -0.167 & -0.167 & 0.750 & 0 & 0.333 \\ 0.584 & 0.584 & 0.334 & -0.750 & -0.750 & 0.334 \\ -0.167 & -0.417 & -0.167 & 0 & 0.750 & 0.333 \\ 0 & 1 & 0 & 0 & 0 & 0 \\ 1 & 0 & 0 & 0 & 0 & 0 \\ 0 & 0 & 1 & 0 & 0 & 0 \end{matrix} \right\}$$

(3-45)

因此，根据图 3-8 所示的剪应变，同样可以得到不可压缩介质以图 3-1（b）方式表示的应变状态。

可见，对于不可压缩材料，基于图 3-7 和图 3-8 所示剪应变的应变状态表示方法与图 3-1（b）的表示方法是等效的，即式（3-1）与式（3-37）是等效的。如果图 3-7 和图 3-8 中 5 个剪应变的偶然误差均是 $\Delta\gamma_0$，则由式（3-43）和式（3-45）可以得到式（3-1）表示方法各分量的误差，其表达式为

$$\Delta\varepsilon_{ij} = \Delta\gamma_0 \sqrt{\sum_{t=1}^{6} (\lambda_{jt}^{-1})^2}$$

(3-46)

其中，λ_{jt}^{-1} 为矩阵 $\boldsymbol{\lambda}^{-1}$ 的第 j 行第 t 列。两种表示方法的误差分别为

$$\{\Delta\varepsilon_j\}^T = \Delta\gamma_0 \{0.817 \quad 0.817 \quad 0.577 \quad 1 \quad 1 \quad 1\}^T \quad (3\text{-}47a)$$

$$\{\Delta\varepsilon_j\}^T = \Delta\gamma_0 \{0.950 \quad 1.424 \quad 0.950 \quad 1 \quad 1 \quad 1\}^T \quad (3\text{-}47b)$$

需要强调的是，与应变状态的线应变表示方法一样，应变状态的剪应变表示方法也不是唯一的。理论上讲，满足式（3-40）的任何一组剪应变，都可以表示为式（3-1）的形式，即在表示应变状态方面都是等效的。

3.6 应变状态的广义角应变表示

在对传统剪应变即角应变再认识的基础上，提出了广义角应变的概念。在此基础上，介绍了一种基于四面体广义角应变的三维应变表示方法。

3.6.1 广义角应变

剪应变又称为剪切应变、角应变、切应变等。在连续介质力学中，剪应变被定义为直角以弧度表示的改变量，即空间两个相互垂直的二面角以弧度表示的改变量。

剪应变通常被描述为小矩形变为歪斜平行四边形的程度，即歪斜的角度 γ 称为剪应变，如图 3-9（a）所示。相应的数学表达式为

$$\gamma = \frac{\Delta l}{l} \tag{3-48}$$

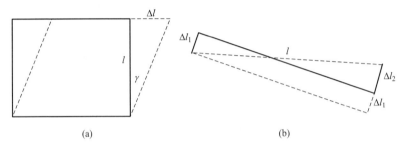

图 3-9　剪（角）应变的两种表述
(a) 直角改变量法；(b) 微线段端部相对位移法

剪应变还有另外一种表述方式，即"物体上微小线段的两端在该线段垂直方向上的相对位移量同线段长度的比值"。其数学表达式为

$$\gamma = \frac{\Delta l_1 + \Delta l_2}{l} \tag{3-49}$$

可见，两种剪应变表达方式本质上是一致的。需要强调的是，剪应变的单位是弧度，而线应变是长度变化量与原长的比值。

在三维空间中，任一角度的两条边都可以用两个向量表示，比如图 3-10 中的角度 ω 可以用向量 α、β 表示。既然直角的改变量被定义为了剪应变，那么，理论上讲非直角改变量的某个函数也可以用来表示剪应变。根据剪应变的第一种表述方法，可以定义基于任意角度而不是仅仅基于直角的剪应变。

为得到发生剪应变 γ 时任意角度 ω（$45° < \omega < 90°$）的改变量 $\Delta \omega$，假设单元体变形前后分别为 $ABCD$ 和 $ABC'D'$。E 是变形前角度 ω 边线 β 在 CD 上的交点；E' 是变形后角度（$\omega + \Delta \omega$）边线在

CD 上的交点；F 是 BE 边上的垂足。所以，$DD' = EE' = CC' = \Delta l$。经典力学研究的均为小变形问题，因此对应的 $\Delta \omega$ 也较小，故

$$\Delta \omega = \frac{E'F}{BF} = \frac{E'F}{BE - EF} = \frac{EE' \sin \omega}{\dfrac{l}{\sin \omega} - EE' \cos \omega}$$

$$= \frac{\Delta l \sin \omega}{\dfrac{l}{\sin \omega} - \Delta l \cos \omega} = \frac{\gamma \sin \omega}{\dfrac{1}{\sin \omega} - \gamma \cos \omega} \approx \gamma \sin^2 \omega \qquad (3\text{-}50)$$

当 $45° < \omega < 90°$ 即 $\omega = ABM$、$90° < \omega < 145°$ 即 $\omega = ABG$、当 $145° < \omega < 180°$ 即 $\omega = ABJ$ 时，也可以得到相同的结论。

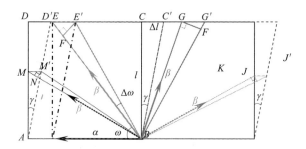

图 3-10　基于任意二面角的广义角应变表示

3.6.2　广义角应变与常规应变的关系

位于两个平面上且垂直于其交线的两个方向向量分别为 α、β，则二面角 ω 的大小等于方向向量 α、β 之间的角度。若二面角的改变量为 $\Delta \omega$，则 $\Delta \omega$ 与图 3-1 所示三维应变状态的关系为

$$\Delta \omega = 2(\varepsilon_{xx} a_1 a_2 + \varepsilon_{yy} b_1 b_2 + \varepsilon_{zz} c_1 c_2) + \gamma_{xy}(a_1 b_2 + a_2 b_1)$$
$$+ \gamma_{yz}(b_1 c_2 + b_2 c_1) + \gamma_{zx}(c_1 a_2 + c_2 a_1) \qquad (3\text{-}51)$$

其中，a_1、b_1、c_1 和 a_2、b_2、c_2 分别是 α、β 两个方向向量在三个坐标轴上的分量，如图 3-11 所示。

当 α 垂直于 β 时，存在

$$\gamma_{\alpha\beta} = \Delta \omega \qquad (3\text{-}52)$$

即若该二面角等于直角，则其改变量 $\Delta \omega$ 等于剪应变 $\gamma_{\alpha\beta}$。

根据式（3-30），式（3-51）简化为

$$\Delta \omega = \varepsilon_{xx} \lambda_1 + \varepsilon_{yy} \lambda_2 + \varepsilon_{zz} \lambda_3 + \gamma_{xy} \lambda_4 + \gamma_{yz} \lambda_5 + \gamma_{zx} \lambda_6 \qquad (3\text{-}53)$$

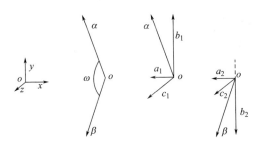

图 3-11　任意二面角方向向量的分解

因此，根据一点的三维应变状态，可以得到该点任意两个向量夹角的改变量，即

$$\Delta\omega_i = \varepsilon_{xx}\lambda_{i1} + \varepsilon_{yy}\lambda_{i2} + \varepsilon_{zz}\lambda_{i3} + \gamma_{xy}\lambda_{i4} + \gamma_{yz}\lambda_{i5} + \gamma_{zx}\lambda_{i6} \quad (3\text{-}54)$$

欲得到应变状态式（3-1），式（3-54）中的 i 应满足

$$i = 1、2、3、4、5、6 \quad (3\text{-}55)$$

即

$$\begin{Bmatrix} \Delta\omega_1 \\ \Delta\omega_2 \\ \Delta\omega_3 \\ \Delta\omega_4 \\ \Delta\omega_5 \\ \Delta\omega_6 \end{Bmatrix} = \begin{Bmatrix} \lambda_{11} & \lambda_{12} & \lambda_{13} & \lambda_{14} & \lambda_{15} & \lambda_{16} \\ \lambda_{21} & \lambda_{22} & \lambda_{23} & \lambda_{24} & \lambda_{25} & \lambda_{26} \\ \lambda_{31} & \lambda_{32} & \lambda_{33} & \lambda_{34} & \lambda_{35} & \lambda_{36} \\ \lambda_{41} & \lambda_{42} & \lambda_{43} & \lambda_{44} & \lambda_{45} & \lambda_{46} \\ \lambda_{51} & \lambda_{52} & \lambda_{53} & \lambda_{54} & \lambda_{55} & \lambda_{56} \\ \lambda_{61} & \lambda_{62} & \lambda_{63} & \lambda_{64} & \lambda_{65} & \lambda_{66} \end{Bmatrix} \begin{Bmatrix} \varepsilon_{xx} \\ \varepsilon_{yy} \\ \varepsilon_{zz} \\ \gamma_{xy} \\ \gamma_{yz} \\ \gamma_{zx} \end{Bmatrix} \quad (3\text{-}56)$$

或

$$\Delta\boldsymbol{\omega}_i = \boldsymbol{\lambda}\boldsymbol{\varepsilon} \quad (3\text{-}57)$$

其中

$$\Delta\boldsymbol{\omega}_i = \{ \Delta\omega_1 \quad \Delta\omega_2 \quad \Delta\omega_3 \quad \Delta\omega_4 \quad \Delta\omega_5 \quad \Delta\omega_6 \} \quad (3\text{-}58)$$

$$\boldsymbol{\varepsilon} = \{ \varepsilon_{xx} \quad \varepsilon_{yy} \quad \varepsilon_{zz} \quad \gamma_{xy} \quad \gamma_{yz} \quad \gamma_{zx} \}^{\mathrm{T}} \quad (3\text{-}59)$$

$$\boldsymbol{\lambda} = \begin{Bmatrix} \lambda_{11} & \lambda_{12} & \lambda_{13} & \lambda_{14} & \lambda_{15} & \lambda_{16} \\ \lambda_{21} & \lambda_{22} & \lambda_{23} & \lambda_{24} & \lambda_{25} & \lambda_{26} \\ \lambda_{31} & \lambda_{32} & \lambda_{33} & \lambda_{34} & \lambda_{35} & \lambda_{36} \\ \lambda_{41} & \lambda_{42} & \lambda_{43} & \lambda_{44} & \lambda_{45} & \lambda_{46} \\ \lambda_{51} & \lambda_{52} & \lambda_{53} & \lambda_{54} & \lambda_{55} & \lambda_{56} \\ \lambda_{61} & \lambda_{62} & \lambda_{63} & \lambda_{64} & \lambda_{65} & \lambda_{66} \end{Bmatrix} \quad (3\text{-}60)$$

显然，若知道某点 6 个不同二面角的改变量 $\Delta\omega_i$，且系数 λ 构成的矩阵满足满秩要求，则可以由式（3-56）返算得到图 3-1（b）中的 3 个线应变和 3 个剪应变。若 λ 的秩等于 6，即

$$R(\lambda)=6 \qquad (3\text{-}61)$$

则 $\{\lambda\}^{-1}$ 存在，因此

$$\boldsymbol{\varepsilon}=\boldsymbol{\lambda}^{-1}\Delta\boldsymbol{\omega}_i \qquad (3\text{-}62)$$

可见，图 3-1（b）所示的三维应变可以用 6 个广义角应变表示。前提条件是，与这 6 个广义角应变对应的矩阵式（3-60）必须是可逆的。如果二面角是直角，则向量 α、β 的点积等于 0，即

$$a_1a_2+b_1b_2+c_1c_2=0 \qquad (3\text{-}63)$$

可见，如果寻求的 6 个二面角都是直角，则矩阵式（3-60）的左三列将是相关的，其秩将小于 6。因此，寻找的 6 个二面角不能全部为直角，这是常规应变状态能否被表示为广义角应变的关键。

3.6.3　正四面体表示

为了在常规应变状态表示方法与正四面体广义角应变表示方法之间有一个自然过渡，这里构造一个立方体 $ABCDEFGH$，则由通过其顶点 H、A、F、C 的四个面可以切割出一个正四面体 $HAFC$，如图 3-12 和图 3-13 所示。

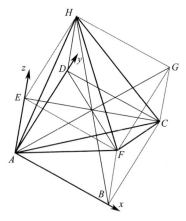

图 3-12　基于正四面体的广义角应变

正四面体是五种正多面体中的一种，由 4 个全等的等边三角形围成，具有 6 条长度相等的棱和 6 个均等于 70°32′ 的二面角。如前所述，如果基于正四面体 6 个二面角方向向量的矩阵 $\boldsymbol{\lambda}$ 即式（3-60）是可逆的，则这 6 个二面角的改变量就可以用来表示该点的应变状态。为了得到基于正四面体的矩阵 $\boldsymbol{\lambda}$，对该正四面体的 6 个二面角进行定义，如表 3-2 和图 3-13 所示。

正四面体二面角的定义　　　　　　　　　　表 3-2

面 1	面 2	二面角
CAF/π	HAF/χ	$\pi\chi$
HFC/ψ	AFC/π	$\psi\pi$
HAC/ζ	FAC/π	$\zeta\pi$
FHA/χ	CHA/ζ	$\chi\xi$
ACH/ζ	FCH/ψ	$\xi\psi$
AFH/χ	CFH/ψ	$\chi\psi$

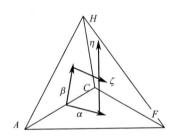

图 3-13　二面角 $\zeta\pi$ 的向量表示

根据空间位置关系，容易得到平面 FAC 和平面 HAC 的方向向量 η（r_1，s_1，t_1）和 ζ（r_2，s_2，t_2）。因此，这两个平面对应的方程分别为

$$\frac{x}{r_1}=\frac{y}{s_1}=\frac{z}{t_1} \tag{3-64}$$

$$\frac{x}{r_2}=\frac{y}{s_2}=\frac{z}{t_2} \tag{3-65}$$

单位向量 α、β 均垂直于两平面的交线 AC，因此向量 α、β 的

夹角就是平面的二面角 $\zeta\pi$。AC 的方向（r_3，s_3，t_3）也是已知的，所以根据向量理论可以得到 α（r_4，s_4，t_4）和 β（r_5，s_5，t_5）。由于 α 同时垂直于 η 和向量 AC，因此

$$\alpha \cdot \eta = 0 \qquad\qquad (3\text{-}66)$$
$$\alpha \cdot \overrightarrow{AC} = 0 \qquad\qquad (3\text{-}67)$$

由于是单位向量，所以

$$r_4^2 + s_4^2 + t_4^2 = 1 \qquad\qquad (3\text{-}68)$$

另外，由于 α 的方向是确定的，所以根据式（3-66）~式（3-68）不难确定 α（r_4，s_4，t_4）。采用相同的方法可以得到 β（r_5，s_5，t_5）。因此，可以得到该四面体 6 个二面角的向量表示，结果见表 3-3 所列。

正四面体二面角的方向向量　　　　　　　　　　　表 3-3

二面角	α 方向			β 方向		
	a_1	b_1	c_1	a_2	b_2	c_2
$\pi\chi$	0.408	0.816	-0.408	-0.408	0.816	0.408
$\psi\pi$	-0.816	0.408	0.408	-0.816	-0.408	-0.408
$\zeta\pi$	-0.408	0.408	0.816	0.408	-0.408	0.816
$\chi\xi$	0.816	-0.408	0.408	0.816	0.408	-0.408
$\xi\psi$	-0.408	-0.816	-0.408	0.408	-0.816	0.408
$\chi\psi$	-0.408	-0.408	-0.816	0.408	0.408	-0.816

根据式（3-30）关于 λ_i 的定义，可以得到基于表 3-3 的 λ_1、λ_2、λ_3、λ_4、λ_5、λ_6。进一步，根据式（3-60）可以得到基于图 3-12 的正四面体二面角系数矩阵，即

$$\lambda = \begin{cases} -0.333 & 1.332 & -0.333 & 0 & 0 & 0.333 \\ 1.332 & -0.333 & -0.333 & 0 & -0.333 & 0 \\ -0.333 & -0.333 & 1.332 & 0.333 & 0 & 0 \\ 1.332 & -0.333 & -0.333 & 0 & 0.333 & 0 \\ -0.333 & 1.332 & -0.333 & 0 & 0 & -0.333 \\ -0.333 & -0.333 & 1.332 & -0.333 & 0 & 0 \end{cases}$$

$$(3\text{-}69)$$

对应的逆矩阵为

$$\lambda^{-1}=\begin{cases}0.150 & 0.451 & 0.150 & 0.451 & 0.150 & 0.150 \\ 0.451 & 0.150 & 0.150 & 0.150 & 0.451 & 0.150 \\ 0.150 & 0.150 & 0.451 & 0.150 & 0.150 & 0.451 \\ 0 & 0 & 1.502 & 0 & 0 & -1.502 \\ 0 & -1.502 & 0 & 1.502 & 0 & 0 \\ 1.502 & 0 & 0 & 0 & -1.502 & 0\end{cases}$$

$$(3\text{-}70)$$

因此，若得到了正四面体 6 个二面角的变化量 $\Delta\omega_i$，将其值和式（3-70）一起代入到式（3-62），就可以得到式（3-1）表示方法的应变状态。可见，在表示应变状态的功效方面，式（3-58）与式（3-1）是等效的。如果 6 个角应变的偶然误差均是 $\Delta\omega_0$，则由式（3-70）可以得到式（3-1）表示方法各分量的误差，其表达式为

$$\Delta\varepsilon_{ij}=\Delta\omega_0\sqrt{\sum_{t=1}^{6}(\lambda_{jt}^{-1})^2} \tag{3-71}$$

其中，λ_{jt}^{-1} 为矩阵 λ^{-1} 的第 j 行第 t 列，即

$$\{\Delta\varepsilon_j\}^{\mathrm{T}}=\Delta\omega_0\times\{0.704\quad 0.704\quad 0.704\quad 2.124\quad 2.124\quad 2.124\}^{\mathrm{T}}$$

$$(3\text{-}72)$$

可见，当通过测试基于正四面体的广义角应变计算图 3-1 所示的应变状态时，线应变的偶然误差较小，而剪应变的偶然误差稍大。

若图 3-13 中正四面体 6 个二面角的改变量为（0.02，0.01，0.03，0.02，0.01，0.03），则式（3-62）可以得到图 3-1 所示的应变状态为（0.027，0.027，0.036，0.000，0.015，0.015）。

3.6.4 等直角四面体表示

与应变状态的线应变表示方法一样，应变状态的广义角应变表示方法也不是唯一的。理论上讲，满足式（3-61）的任何一组广义角应变，都可以表示为式（3-1），在表示应变状态功效方面都是可行的。由于具有特殊性，这里重点研究基于等直角四面体广义角应变的表示方法。

等直角四面体可以理解为某个正六面体的切角。其表面由 3 个全等的等腰直角三角形 ABC、ABD、ACD 和 1 个等边三角形 BCD 构成，如图 3-14 所示。

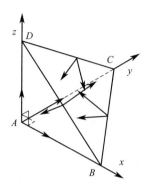

图 3-14 基于等直角四面体的广义角应变

同样，采用前文正四面体二面角的方向向量计算方法，可以得到图 3-14 所示 6 个二面角的方向向量，见表 3-4 所列。

等直角四面体二面角的方向向量   表 3-4

二面角	α 方向			β 方向		
	a_1	b_1	c_1	a_2	b_2	c_2
ABC/DBC	-0.707	-0.707	0	-0.408	-0.408	0.816
ABD/CBD	-0.707	0	-0.707	-0.408	0.816	-0.408
BCD/ACD	0.816	-0.408	-0.408	0	-0.707	-0.707
DAB/CAB	0	0	1	0	1	0
BAC/DAC	1	0	0	0	0	1
BAD/CAD	1	0	0	0	1	0

对应的 λ 矩阵为

$$\lambda = \begin{Bmatrix} 0.577 & 0.577 & 0 & 0.577 & -0.577 & -0.577 \\ 0.577 & 0 & 0.577 & -0.577 & -0.577 & 0.577 \\ 0 & 0.577 & 0.577 & -0.577 & 0.577 & -0.577 \\ 0 & 0 & 0 & 0 & 1 & 0 \\ 0 & 0 & 0 & 0 & 0 & 1 \\ 0 & 0 & 0 & 1 & 0 & 0 \end{Bmatrix}$$

$$(3-73)$$

相应的逆矩阵为

$$\lambda^{-1} = \left\{ \begin{array}{cccccc} 0.867 & 0.867 & -0.867 & 1.5 & -0.5 & -0.5 \\ 0.867 & -0.867 & 0.867 & -0.5 & 1.5 & -0.5 \\ -0.867 & 0.867 & 0.867 & -0.5 & -0.5 & 1.5 \\ 0 & 0 & 0 & 0 & 0 & 1 \\ 0 & 0 & 0 & 1 & 0 & 0 \\ 0 & 0 & 0 & 0 & 1 & 0 \end{array} \right\}$$

(3-74)

因此，知道了等直角四面体 6 个二面角的变化量 $\Delta\omega_i$，将其值和式（3-74）一起代入到式（3-62），同样可以得到式（3-1）的另一种应变状态表示方法。相应的误差为

$$\{\Delta\varepsilon_j\}^T = \Delta\omega_0 \times \{2.237 \quad 2.237 \quad 2.237 \quad 1 \quad 1 \quad 1\}^T \quad (3-75)$$

与式（3-72）比较后发现，在精度方面，由等直角四面体广义角应变计算图 3-1 所示的应变状态时具有较低的剪应变偶然误差，但线应变的偶然误差稍大。

设基于图 3-14 等直角四面体 6 个二面角的改变量分别为（0.02，0.01，0.03，0.02，0.01，0.03），则由式（3-62）可以得到对应于图 3-1 的应变状态，其数值为（0.010，0.025，0.047，0.030，0.020，0.010）。

第 4 章　　三维应变测试和三维应力测试

获得材料的性质和参数的最基本最有效的手段是测试。限于技术手段，目前对三维应变和三维应力的测试尚处于起步阶段，本章将介绍该领域的一些最新研究进展。

4.1　三维应变花

对力学参数的测试一般分为直接方法（比如弹簧秤测力）和间接方法（比如电阻法测应变），利用应变片测量应变属于间接方法中的电测法。本章节介绍的三维应变花是采用电阻应变片作为基本测试单元的一种测试装置。

4.1.1　结构形式

通常情况下，剪应变难以通过直接测试的方法得到。因此，对于主应变方向未知的二维应变状态，一般需要布置 3 个应变片，在获得 3 个不同方向上的线应变后再根据应变分量之间的关系获得该点完整的应变状态。3 个应变片组合的结构形式主要有等边三角形、直角三角形、钝角三角形等，这就是所谓的应变花，如图 4-1 所示。其中，图 4-1（a）为应变片呈等边三角形布置的应变花；图 4-1（b）为两个应变片布置在直角边，一个应变片布置在 45°方向上的直角三角形应变花；图 4-1（c）为两个应变片布置在直角边，一个应变片布置在 135°方向上的直角三角形应变花[34]。

由 3.4 节可知，要想获得一点的三维应变状态，至少需要测得 6 个不同方向上的线应变分量，也即至少需要在 6 个不同的方向上设置应变片。所以，从理论上讲，在不同方向上布置的 6 个应变片均可以构成能测得三维应变状态的应变花。因此，三维应变花的结构形式可以有无穷多种。图 4-2 给出了一种最直观、最简单的三维

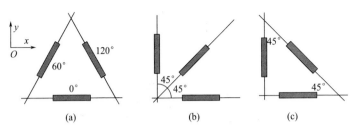

图 4-1　常用二维应变花的结构形式

应变花——直角式三维应变花。在图 4-2 中，OABC-DEFG 为虚构的正六面体。

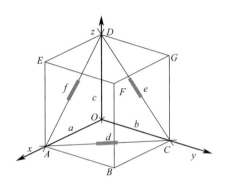

图 4-2　直角式三维应变花

在相互垂直的三条棱 OA、OC 和 OD 处布置三个应变片 a、b 和 c；在 AC、CD 和 AD 方向上布置另外三个应变片 d、e 和 f。当该测试装置布置于受力体内部某处时，就可以测得该点 6 个不同方向上的线应变，并最终可以获得该点基于图 3-1（b）表示方法的常规三维应变状态。在图 4-2 所示的直角式三维应变花设计方案中，各应变片并非是等效的，更为合理的三维应变花设计方案是图 4-3 所示的正四面体式结构。

在图 4-3 中，OABC 为一个虚构的正四面体，6 个应变片布置在该正四面体的 6 条棱上。与图 4-2 表示的三维应变花相比，图 4-3 所示的正四面体三维应变花更为稳定，且 6 个应变片均处于同等位置。因此，从三维应变花骨架的稳定性和现场操作的便利性方面

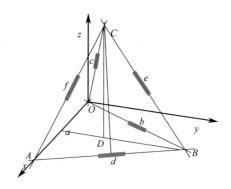

图 4-3 正四面体式三维应变花

看，正四面体式三维应变花更为合理。

除了图 4-1 所示的结构形式之外，平面应变花还可以有其他形式，即图 4-1 中的角度是可以变化的。同样，随应变片轴线之间夹角的不同，三维应变花也可以有不同的结构形式，只要应变片的布置满足式（3-20）即可。鉴于图 4-2 和图 4-3 所示的结构形式最为简单和实用，下文将对其进行重点研究，并给出适用于所有结构形式三维应变花的一般性结论。

4.1.2 工作原理

根据不同方向上线应变与应变分量间的关系，可以由图 4-2 和图 4-3 所示装置测得的 6 个线应变获得基于图 3-1（b）表示方法的三维应变状态。根据几何关系，可以得到图 4-2 应变花各应变片轴线的方向余弦，见表 4-1 所列。

直角式三维应变花各应变片的方向余弦　　　　　　　　表 4-1

应变片	a	b	c	d	e	f
l	1	0	0	-0.707	0	0.707
m	0	1	0	0.707	0.707	0
n	0	0	1	0	-0.707	-0.707

将表 4-1 中的数据带入到式（3-19）中可以得到

$$T = \left\{ \begin{array}{cccccc} 1 & 0 & 0 & 0 & 0 & 0 \\ 0 & 1 & 0 & 0 & 0 & 0 \\ 0 & 0 & 1 & 0 & 0 & 0 \\ 0.5 & 0.5 & 0 & -0.5 & 0 & 0 \\ 0 & 0.5 & 0.5 & 0 & -0.5 & 0 \\ 0.5 & 0 & 0.5 & 0 & 0 & -0.5 \end{array} \right\} \tag{4-1}$$

由此得到

$$T^{-1} = \left\{ \begin{array}{cccccc} 1 & 0 & 0 & 0 & 0 & 0 \\ 0 & 1 & 0 & 0 & 0 & 0 \\ 0 & 0 & 1 & 0 & 0 & 0 \\ 1 & 1 & 0 & -2 & 0 & 0 \\ 0 & 1 & 1 & 0 & -2 & 0 \\ 1 & 0 & 1 & 0 & 0 & -2 \end{array} \right\} \tag{4-2}$$

因此，在测得图 4-2 中 6 个方向的线应变 ε_i 之后，将其和式 (4-2) 一起带入到式 (3-21) 中，即可得到图 3-1 (b) 所示的三维应变状态。

同样，根据图 4-3 可以得到表 4-2。

正四面体三维应变花各应变片的方向余弦　表 4-2

应变片	a	b	c	d	e	f
$\delta(°)$	90	90	144.7	90	144.7	144.7
$\varphi(°)$	0	60	30	120	90	150
l	1	0.5	0.5	-0.5	0	-0.5
m	0	0.866	0.289	0.866	0.578	0.289
n	0	0	-0.816	0	-0.816	-0.816

根据式 (3-19) 可以得到

$$T = \left\{ \begin{array}{cccccc} 1 & 0 & 0 & 0 & 0 & 0 \\ 0.250 & 0.750 & 0 & 0.433 & 0 & 0 \\ 0.250 & 0.084 & 0.666 & 0.145 & -0.236 & -0.408 \\ 0.250 & 0.750 & 0 & -0.433 & 0 & 0 \\ 0 & 0.334 & 0.666 & 0 & -0.472 & 0 \\ 0.250 & 0.084 & 0.666 & -0.145 & -0.236 & 0.408 \end{array} \right\}$$

$$\tag{4-3}$$

所以

$$
\boldsymbol{T}^{-1} = \left\{
\begin{array}{cccccc}
1 & 0 & 0 & 0 & 0 & 0 \\
-0.333 & 0.667 & 0 & 0.667 & 0 & 0 \\
-0.839 & 0.176 & 1.502 & 0.176 & -1.502 & 1.502 \\
0 & 1.155 & 0 & -1.155 & 0 & 0 \\
-1.427 & 0.735 & 2.119 & 0.735 & -4.237 & 2.119 \\
0 & 0.410 & -1.226 & -0.410 & 0 & 1.226
\end{array}
\right\}
$$

$$（4\text{-}4）$$

在测得图 4-3 所示 6 个方向的线应变 ε_i 之后，将其和式（4-4）一起带入到式（3-21）中，即可得到图 3-1（b）所示的三维应变状态。

4.1.3 误差分析

总误差包括系统误差和偶然误差两部分。由于三维应变花各应变片之间的角度存在制作偏差或三维应变花整体安放角度存在偏差或应变片的依附体（粘贴骨架）之间的连接不够理想等原因，可能引起在测量之前就已存在的误差，并始终以必然性规律影响测量结果的准确度，这种误差称为系统误差。若各方向上应变片的系统误差为 $\Delta\varepsilon_k$，根据式（3-21）可以得到常规应变状态表示方法各分量的系统误差为

$$
\Delta\varepsilon_j = \sum_{i=1}^{6} \boldsymbol{T}^{-1}(a_{jk})\Delta\varepsilon_k \tag{4-5}
$$

其中，$\boldsymbol{T}^{-1}(a_{jk})$ 为矩阵 $\boldsymbol{T}^{-1}$ 的第 j 行第 k 列元素。如果各应变片的系统误差分别为 δ_k，则由式（4-4）可以得到基于正四面体三维应变花测试结果 ε_x 的系统误差为 $\{1\times\delta_1+0\times\delta_2+0\times\delta_3+0\times\delta_4+0\times\delta_5+0\times\delta_6\}$；$\varepsilon_{zx}$ 的系统误差为 $\{0\times\delta_1+0.410\times\delta_2-1.226\times\delta_3-0.410\times\delta_4+0\times\delta_5+1.226\times\delta_6\}$。

当对同一个应变片进行多次等精度重复测量时，常常会得到一系列不同的测量值，每个测量值都含有误差，这些误差称为随机误差。如果每一个应变片的标准差均为 ρ，则由式（3-21）可以得到常规应变分量的标准差 $R(\varepsilon_j)$ 为

$$R(\varepsilon_j) \leqslant \rho \sqrt{\sum_{k=1}^{6}\{\boldsymbol{T}^{-1}(a_{jk})\}^2} \qquad (4\text{-}6)$$

由式（4-2）可以得到基于直角式三维应变花测试结果的标准差为 {1，1，1，sqrt（6），sqrt（6），sqrt（6）} ×ρ；由式（4-4）可以得到基于正四面体三维应变花测试结果的标准差为 {1，1，2.745，1.633，5.482，1.828} ×ρ。可见，待求方向应变值的随机误差与三维应变花各测试应变片的方位有关。总的规律是，待求剪应变的随机误差大于待求正应变的随机误差。

4.1.4 应用

考虑到测量物体内部应变的需要，三维应变花应具有一定的自稳能力，但自身刚度不能过大。经反复研究，发现可以采用一种高分子材料作为三维应变花的骨架。两种三维应变花骨架的实物照片如图 4-4 所示。为了达到良好的防水、防腐效果，在使用之前应对其进行防护处理。

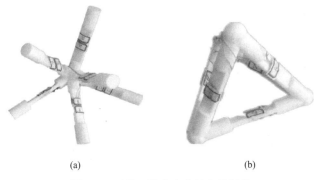

(a) (b)

图 4-4 两种三维应变花的实物照片

(a) 一点式；(b) 正四面体式

为了说明正四面体式三维应变花的工作效果，对其进行了单向压缩自身测试。测试方法是在 z 方向上对其施加轴力从而获得单向压缩，各级轴向应变对应的应变片读数见表 4-3 所列。其中，ε' 为实际施加的轴向应变，ε_z 为根据式（3-21）计算出的 z 方向上的线应变。将 ε_z 与 ε' 值的差值的绝对值除以 ε' 即得到相对误差，其结果示于表 4-3 内。可见，相对误差均小于 5%，表明该方法具有较高精度。

出现误差的原因主要包括以下几个方面。一是理论上每 3 个应变片应该交汇于一个顶点，但实际上总会出现一定的制作偏差；二是正四面体 6 条棱的长度存在误差；三是四面体 4 个顶点连接部位的力学指标也存在差异。当图 4-4（b）所示的应变花只有竖向受压荷载作用时，a、b 和 d 对应的轴线方向受拉伸长，c、e 和 f 对应的轴线方向受压变短，如图 4-3 所示。设 $CD=r$；OAB 的边长为 s；$AC=BC=OC=t$。则

$$r^2 = t^2 - \left(\frac{\sqrt{3}}{2} s \times \frac{2}{3} \right)^2 \tag{4-7}$$

根据微分原理得到

$$r \times \Delta r \approx t \times \Delta t - \frac{s}{3} \times \Delta s \tag{4-8}$$

正四面体式三维应变花自测结果及与理论值的比较　　表 4-3

序号	ε'	ε_a	ε_b	ε_c	ε_d	ε_e	ε_f	ε_z	相对误差
1	0.01	−0.0018	−0.0022	0.0061	−0.0024	0.0058	0.0061	0.0103	0.033
2	0.03	−0.0057	−0.0066	0.0184	−0.006	0.0189	0.0185	0.0296	0.013
3	0.05	−0.0096	−0.0104	0.0302	−0.0103	0.0307	0.0314	0.0508	0.016
4	−0.01	0.0018	0.0021	−0.0063	0.0024	−0.0061	−0.0062	−0.0103	0.033
5	−0.03	0.0055	0.0063	−0.0181	0.0065	−0.0179	−0.0185	−0.0305	0.015
6	−0.05	0.0098	0.0102	−0.0304	0.0101	−0.0301	−0.0314	−0.0523	0.045

所以

$$r \times \frac{\Delta r}{r} \approx \frac{t^2}{r} \times \frac{\Delta t}{t} - \frac{s^2}{3r} \times \frac{\Delta s}{s} \tag{4-9}$$

由应变定义得到

$$r \times \varepsilon_z \approx \frac{t^2}{r} \times \varepsilon_c - \frac{s^2}{3r} \times \varepsilon_a \tag{4-10}$$

因此

$$\varepsilon_z \approx \frac{t^2}{r^2} \times \varepsilon_c - \frac{s^2}{3r^2} \times \varepsilon_a \tag{4-11}$$

由于初始状态为正四面体，所以 $s=t$。根据式（4-7）得到 $r^2=2t^2/3$。此外，对于只承受竖向荷载的正四面体，$\varepsilon_c=-3\varepsilon_a$。所以

$$\varepsilon_z \approx 1.667\varepsilon_c \tag{4-12}$$

另外，根据式（3-17）和式（4-4）可以得到

$$\begin{aligned}\varepsilon_z &= -0.839\varepsilon_a + 0.176\varepsilon_b + 1.502\varepsilon_c \\ &\quad + 0.176\varepsilon_d - 1.502\varepsilon_e + 1.502\varepsilon_f \\ &= 1.664\varepsilon_c\end{aligned} \tag{4-13}$$

比较式（4-12）和式（4-13）发现，两者结果是一致的，从而进一步说明该测试方法是合理的。

4.2　三维土压力盒

应力状态的测试是一项基础性工作，是进行定量力学分析和工程安全评价的前提，具有不可替代的作用。如果能准确获得岩土体内部的三维应力状态，并据此进一步得到最大主应力、最大剪应力、球应力、偏应力以及其他应力组合，那么对评估工程的健康状况和安全储备将是非常重要的，对岩土体强度和本构模型的研究也必将产生巨大促进作用[35,36]。

4.2.1　正交异面式三维土压力盒

一维应力状态是最简单的应力状态形式，其测试方法也最为简单，只要在应力方向上布置测试元件即可，如图 4-5 所示。比如，为了测试钢筋的应力，常常在钢筋轴线上布置钢筋计；为了测试某方向上的土压力，需要在垂直于该方向的平面上布置土压力盒。

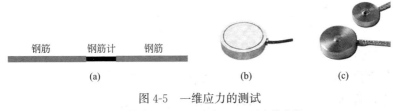

图 4-5　一维应力的测试

（a）钢筋计；（b）土压力盒；（c）压力传感器

由前文应力状态的正应力表示可知，只要在满足式（2-32）的 6 个方向上布置土压力盒，就可以得到三维应力状态。为此，笔者设计制作了一类三维土压力测试装置即三维土压力盒。这里着重给出正交异面式三维土压力盒、菱形十二面体式三维土压力盒和正十二面体式三维土压力盒的原理、几何形式和计算方法。正交异面式三维土压力盒是由基座和 6 个镶嵌在基座上的微型土压力盒组成。其基座可以看作是在一个正方体基础上切割而成的，如图 4-6（a）所示。

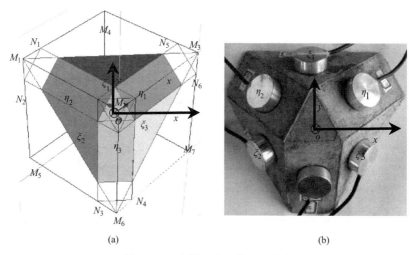

（a）　　　　　　　　　　　（b）

图 4-6　正交异面式三维土压力盒

（a）基座；（b）实物

首先，在立方体 $M_1M_2M_3M_4M_5M_6M_7M_8$ 上切割出一个直角四面体 $M_1M_2M_3M_6$，并定义三个直角面分别为 ξ_1、ξ_2、ξ_3。然后，依次在棱线 M_1M_4、M_1M_5、M_6M_5、M_6M_7、M_3M_4、M_3M_7 上找六个点，即 N_1、N_2、N_3、N_4、N_5、N_6，使得该点到原立方体邻近顶点的距离都是边长的五分之一。比如，N_1 位于 M_1M_4 之上，且 N_1M_1 等于立方体边长的五分之一。最后，分别以通过两个相邻 N_i 点且平行于邻近外棱线的平面作为切割面对棱线进行倒角，即可得到正交异面式三维土压力盒的基座，如图 4-6（a）所示。比如，以经过 N_1N_2 且平行于 M_1M_2 的平面为切割面可以将一个棱角切掉，从而得到平面 η_3。同样，可以得到平面 η_1 和平面 η_2。因此，通过切割可以得到一个拥有平面 ξ_1、ξ_2、ξ_3 和平面 η_1、η_2、η_3 的基座。

依次在原立方体的三个直角面 ξ_1、ξ_2、ξ_3 和切割得到的三个平面 η_1、η_2、η_3 上布置微型土压力盒，即可得到正交异面式三维土压力盒，如图 4-6（b）所示。建立 xOy 坐标系，在 xOy 平面垂直的方向上设置 z 轴且 z 轴的正方向指向外侧。则平面 ξ_1、ξ_2、ξ_3 的外法线与 z 轴的夹角 δ_1 均为

$$\delta_1 = \arcsin \frac{\sqrt{6}}{3} \approx 54.736° \tag{4-14}$$

平面 η_1、η_2、η_3 的外法线与 z 轴的夹角 δ_2 均为

$$\delta_2 = \arccos \frac{\sqrt{6}}{3} \approx 35.264° \tag{4-15}$$

据此可以得到 ξ_1、ξ_2、ξ_3 三个面的外法线在 xoy 平面内的投影与 Ox 轴的夹角 φ，依次为 90°、210°、330°。另外，也可以得到 η_1、η_2、η_3 三个面的法线在 xOy 平面内的投影与 ox 轴的夹角 φ，其值依次为 30°、150°、270°。因此，不难得到该三维土压力盒各个面的方向向量，见表 4-4 所列。

正交异面式三维土压力盒的方向向量   表 4-4

面的名称	η_1	η_2	η_3	ξ_1	ξ_2	ξ_3
l	$\dfrac{1}{2}$	$-\dfrac{1}{2}$	0	0	$-\dfrac{\sqrt{2}}{2}$	$\dfrac{\sqrt{2}}{2}$
m	$\dfrac{\sqrt{3}}{6}$	$\dfrac{\sqrt{3}}{6}$	$-\dfrac{\sqrt{3}}{3}$	$\dfrac{\sqrt{6}}{3}$	$-\dfrac{\sqrt{6}}{6}$	$-\dfrac{\sqrt{6}}{6}$
n	$\dfrac{\sqrt{6}}{3}$	$\dfrac{\sqrt{6}}{3}$	$\dfrac{\sqrt{6}}{3}$	$\dfrac{\sqrt{3}}{3}$	$\dfrac{\sqrt{3}}{3}$	$\dfrac{\sqrt{3}}{3}$

由式（2-30）和表 4-4 可确定转换矩阵 $\boldsymbol{T}$，即

$$T = \frac{1}{12} \begin{Bmatrix} 3 & 1 & 8 & 2\sqrt{3} & 4\sqrt{2} & 4\sqrt{6} \\ 3 & 1 & 8 & -2\sqrt{3} & 4\sqrt{2} & -4\sqrt{6} \\ 0 & 4 & 8 & 0 & -8\sqrt{2} & 0 \\ 0 & 8 & 4 & 0 & 8\sqrt{2} & 0 \\ 6 & 2 & 4 & 4\sqrt{3} & -4\sqrt{2} & -4\sqrt{6} \\ 6 & 2 & 4 & -4\sqrt{3} & -4\sqrt{2} & 4\sqrt{6} \end{Bmatrix} \qquad (4-16)$$

进一步可以得到 T^{-1}，即

$$T^{-1} = \begin{Bmatrix} 0 & 0 & -1 & 0 & 1 & 1 \\ -0.667 & -0.667 & 0.333 & 1.333 & 0.333 & 0.333 \\ 0.667 & 0.667 & 0.667 & -0.333 & -0.333 & -0.333 \\ 0.577 & -0.577 & 0 & 0 & 0.577 & -0.577 \\ 0.236 & 0.236 & -0.471 & 0.236 & -0.118 & -0.118 \\ 0.408 & -0.408 & 0 & 0 & -0.204 & 0.204 \end{Bmatrix}$$

$$(4-17)$$

由 6 个土压力盒测得土压力后，即可根据式（2-33）得到相应的三维应力数值。

4.2.2 菱形十二面体式三维土压力盒

菱形十二面体式三维土压力盒也由基座和 6 个镶嵌在基座上的微型土压力盒组成。其基座是一个特殊的十二面体，该十二面体每个表面均为菱形且彼此相等，如图 4-7（a）所示。

图 4-7（a）所示的菱形十二面体，是由立方体 $D_1D_2D_3D_4D_5D_6D_7D_8$ 切割而成的。该立方体侧面的形心分别为 C_1、C_2、C_3、C_4、C_5、C_6，比如点 C_1 为侧面 $D_1D_2D_3D_4$ 的形心。以 α_1、α_2、α_3、α_4，β_1、β_2、β_3、β_4，γ_1、γ_2、γ_3、γ_4 共 12 个面依次对立方体进行切割，即可得到图 4-7（a）所示的菱形十二面体。其中，各个切割面是经过两个形心且垂直于外棱线的平面。比如，第一个切割面 α_1 通过 C_1、C_2 两个形心且平行于棱线 D_1D_2；第五个切割面 β_1 通过 C_2、C_3 两个形心且平行于棱线 D_2D_6。

根据切割面的位置关系，可以得到各切割面的外法线向量，结

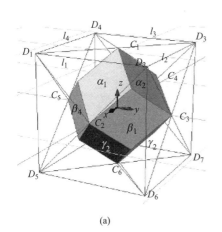

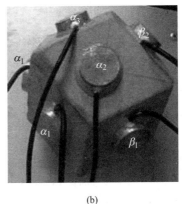

(a)　　　　　　　　　　　　　(b)

图 4-7　菱形十二面体式三维土压力盒

（a）基座；（b）实物

果见表 4-5 所列。

菱形十二面体各表面的方向向量　　　　　　表 4-5

面的名称	α_1	α_2	α_3	α_4	β_1	β_2
l	1	0	−1	0	1	−1
m	0	1	0	−1	1	1
n	1	1	1	1	0	0

因此，根据式（2-30）可以得到

$$\boldsymbol{T}=\frac{1}{2}\begin{Bmatrix}1 & 0 & 1 & 0 & 0 & 2\\0 & 1 & 1 & 0 & 2 & 0\\1 & 0 & 1 & 0 & 0 & -2\\0 & 1 & 1 & 0 & -2 & 0\\1 & 1 & 0 & 2 & 0 & 0\\1 & 1 & 0 & -2 & 0 & 0\end{Bmatrix} \tag{4-18}$$

$\boldsymbol{T}$ 的逆矩阵 $\boldsymbol{T}^{-1}$ 为

$$T^{-1} = \begin{Bmatrix} 0.5 & -0.5 & 0.5 & -0.5 & 0.5 & 0.5 \\ -0.5 & 0.5 & -0.5 & 0.5 & 0.5 & 0.5 \\ 0.5 & 0.5 & 0.5 & 0.5 & -0.5 & -0.5 \\ 0 & 0 & 0 & 0 & 0.5 & -0.5 \\ 0 & 0.5 & 0 & -0.5 & 0 & 0 \\ 0.5 & 0 & -0.5 & 0 & 0 & 0 \end{Bmatrix}$$

(4-19)

因此，如果得到了 6 个方向上的土压力，也可根据式（2-33）得到相应的三维应力。

4.2.3 正十二面体式三维土压力盒

正十二面体有 12 个相等的正五边形侧面，如图 4-8（a）所示。正十二面体是一个特殊的多面体，即任意两个相邻侧面之间的夹角 θ 都是相等的，而且

$$\theta = \pi - \arccos \frac{\sqrt{5}}{5} \approx 116°33'54''$$

(4-20)

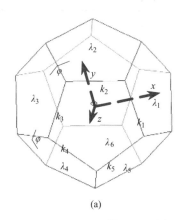
(a)

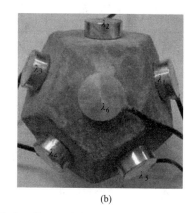
(b)

图 4-8 正十二面体式三维土压力盒

（a）基座；（b）实物

将通过正十二面体球心和某个正五边形形心的直线定义为 z 轴，同时将该正五边形定义为平面 λ_6。正五边形 λ_6 的五条边分别定义为 k_1、k_2、k_3、k_4、k_5。以垂直于直线 k_1 且通过球心的直线

为 x 轴，以通过原点且垂直于 xz 平面的直线定义为 y 轴，建立如图 4-8（a）所示的 xyz 坐标系。

在正十二面体中，与正五边形 λ_6 相邻的正五边形共有 5 个，分别定义为 λ_1、λ_2、λ_3、λ_4、λ_5。可见，λ_1、λ_2、λ_3、λ_4、λ_5 与 λ_6 的夹角均为 θ。不难发现，平面 λ_1、λ_2、λ_3、λ_4、λ_5 的法线在 xOy 平面上的投影具有相等的角度间隔，且均等于 $72°$。因此，不难得到各个五边形的方向向量，结果见表 4-6 所列。

正十二面体式三维土压力盒的方向向量　　表 4-6

面的名称	λ_1	λ_2	λ_3	λ_4	λ_5	λ_6
l	2	$2\cos72°$	$2\cos144°$	$2\cos216°$	$2\cos288°$	0
m	0	$2\sin72°$	$2\sin144°$	$2\sin216°$	$2\sin288°$	0
n	-1	-1	-1	-1	-1	ω

注：表中数值均乘以 $1/\sqrt{5}$；$\omega=\sqrt{5}$。

在定义的六个面上分别设置微型土压力盒，并分别命名为 λ_1、λ_2、λ_3、λ_4、λ_5 和 λ_6，即组成所谓的正十二面体式三维土压力盒。由式（2-30）可以得到

$$\boldsymbol{T}=\begin{Bmatrix} 0.8 & 0 & 0.2 & 0 & 0 & -0.8 \\ 0.076 & 0.724 & 0.2 & 0.470 & -0.761 & -0.247 \\ 0.524 & 0.276 & 0.2 & -0.761 & -0.470 & 0.647 \\ 0.524 & 0.276 & 0.2 & 0.761 & 0.470 & 0.647 \\ 0.076 & 0.724 & 0.2 & -0.470 & 0.761 & -0.247 \\ 0 & 0 & 1 & 0 & 0 & 0 \end{Bmatrix}$$

$$(4\text{-}21)$$

进一步可得 $\boldsymbol{T}^{-1}$，即

$$\boldsymbol{T}^{-1}=\begin{Bmatrix} 0.75 & -0.155 & 0.405 & 0.405 & -0.155 & -0.25 \\ -0.25 & 0.655 & 0.096 & 0.096 & 0.655 & -0.25 \\ 0 & 0 & 0 & 0 & 0 & 1 \\ 0 & 0.294 & -0.476 & 0.476 & -0.294 & 0 \\ 0 & -0.476 & -0.294 & 0.294 & 0.476 & 0 \\ -0.5 & -0.155 & 0.405 & 0.405 & -0.155 & 0 \end{Bmatrix}$$

$$(4\text{-}22)$$

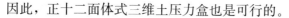

因此，正十二面体式三维土压力盒也是可行的。

4.2.4 误差分析

影响三维土压力盒测试精度的误差主要包括系统误差和偶然误差[37]。系统误差是由基座及其凹槽的制作差异、使用环境改变等因素引起的。为避免过大的系统误差：①应加强基座制作和开槽的准确性；②研究基座材料的弹性模量等力学参数和热学参数，以便与土压力盒、岩土介质更好地协调；③监测与控制测试时的温度、气压等环境条件。

测试过程中由偶然因素引起的误差叫偶然误差。为了相互匹配和使用的便利性，构成三维土压力盒的 6 个土压力盒应采用大小一样、型号一致的微型土压力盒。此时，6 个微型土压力盒的偶然误差是相等的。在这种情况下，图 2-1 应力状态表示方法中各分量的误差 $\Delta\sigma_j$ 可以根据 T^{-1} 的行向量得到，即

$$\Delta\sigma_j = \Delta\sigma_0 \sqrt{\sum_{t=1}^{6} B_{jt}^2} \tag{4-23}$$

其中，B_{jt} 为矩阵 $\boldsymbol{T}^{-1}$ 的第 j 行第 t 列。根据式（4-17）和式（4-23），可以得到正交异面式三维土压力盒测试结果的偶然误差，即

$$\{\Delta\sigma_j\}^{\mathrm{T}} = \Delta\sigma_0 \{1.732 \quad 1.732 \quad 1.291 \quad 1.154 \quad 0.646 \quad 0.646\}^{\mathrm{T}} \tag{4-24}$$

类似的，根据式（4-19）和式（4-23），可以得到菱形十二面体三维土压力盒的偶然误差，即

$$\{\Delta\sigma_j\}^{\mathrm{T}} = \Delta\sigma_0 \{\sqrt{1.5} \quad \sqrt{1.5} \quad \sqrt{1.5} \quad \sqrt{0.5} \quad \sqrt{0.5} \quad \sqrt{0.5}\}^{\mathrm{T}} \tag{4-25}$$

根据式（4-22）和式（4-23），正十二面体式三维土压力盒测试结果的偶然误差为

$$\{\Delta\sigma_j\}^{\mathrm{T}} = \Delta\sigma_0 \{1 \quad 1 \quad 1 \quad 0.791 \quad 0.791 \quad 0.791\}^{\mathrm{T}} \tag{4-26}$$

从式（4-24）、式（4-25）和式（4-26）可以看出，3 种三维土压力盒均具有较高的测试精度。其中，正十二面体式三维土压力盒的正应力测试精度最高；而菱形十二面体式三维土压力盒具有最高

的剪应力测试精度。在实际测试工作中，可以根据正应力和剪应力的重要程度，选择合适的三维土压力盒。即当正应力较重要时，应该倾向于选择正十二面体式三维土压力盒；当剪应力对工程的影响较大时，应该倾向于选择菱形十二面体式三维土压力盒。可见，即使 6 个微型土压力盒完全相同，3 种三维土压力盒也具有不同的测试精度和系统误差。

4.3　三维力学测试在工程中的应用

由于能测试动态、移动和静态三维应力状态，该三维土压力测试装置已经广泛应用于各种土木工程的试验、测试和长期监测。这里简单介绍几个典型的应用案例。

（1）装配式隧道—地铁车站振动模型试验三维土应力测试

该测试是北京工业大学科研项目中一个试验的测试项目，如图 4-9 所示。

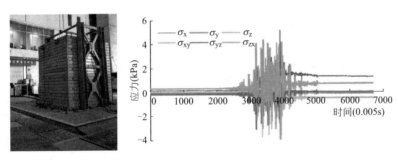

图 4-9　模型试验中的三维动应力响应（彩图见文末）

（2）青岛地铁 4/8 号线换乘站深基坑监测项目

该测试项目是青岛理工大学科研项目的一部分，用于监测开挖过程中的应力状态响应，如图 4-10 所示。

（3）某公路碾压应力状态测试

该测试项目受山东交通科学研究院委托，测试了日照某公路碾压过程中粒料垫层的应力状态，如图 4-11 所示。

图 4-10　深基坑开挖应力状态响应测试

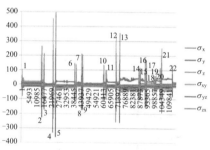

图 4-11　路基碾压效应测试（彩图见文末）

（4）隧道开挖效应模型试验

该测试用于研究和评估北京地铁隧道下穿建筑物时掘进过程中的力学响应，如图 4-12 所示。

（5）冻结法施工测试

该测试用于研究和评估天津地铁 5/6 号线联络通道冻结法施工中的冻胀效应，如图 4-13 所示。

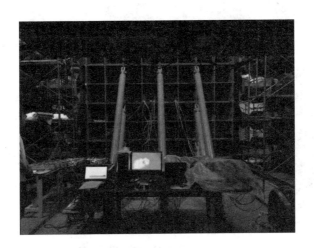

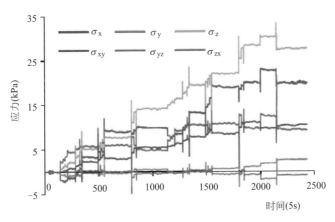

图 4-12　地铁隧道下穿建筑物项目测试（彩图见文末）

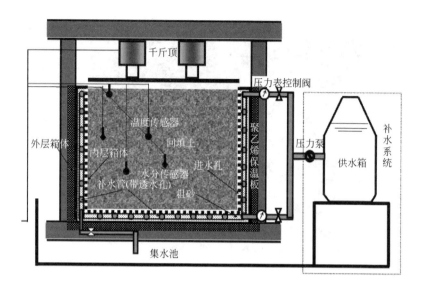

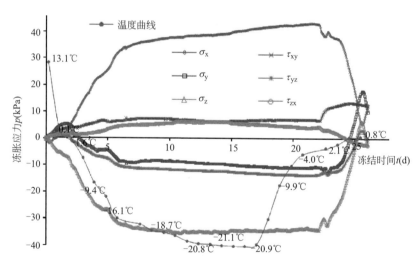

图 4-13 冻胀的力学效应测试

第5章　原状土的状态和力学特点

天然沉积的原状土，其竖直方向上的自重应力一般大于水平方向上的侧压力，且土的微观结构在这一应力状态的长期作用下已经达到稳定。原状土的颗粒体排列方式的初始各向异性和刚度矩阵的非对称性，必然促使在后续增量应力的作用下，力学特性显现为不同形式的结构性和各向异性。

5.1　原状土的力学状态

原状土与重塑土在力学性质方面存在显著差别的原因，本质上在于土颗粒几何特征的定向性和形成过程的成层性。重塑土不存在结构性，故在三维应力空间中其屈服曲面以等倾线为轴线。基于等倾线的应力状态表示方法，无法考虑原状土处于三向不等压状态的客观事实，也无法描述原状土初始状态的各向异性。合理表述这种与初始应力状态有关的结构性和各向异性，是正确评价初始结构对后续强度和变形影响的基础。

5.1.1　结构性和各向异性

结构性是指土颗粒和孔隙的形状、排列形式（或称组构）及颗粒之间的相互作用，是土的一种基本属性。土的内摩擦角、压缩性、剪胀性、应力历史路径相关性、硬（软）化特征、蠕变特性、屈服特性、共轴与否等，都依赖于土在初始应力条件下形成的特有结构。

土的几何各向异性是指土微结构几何特征的方向性，是力学性质各向异性的物质基础。理论上讲，任何几何特征在方向上的差异性都是几何各向异性。比如，长轴方向在360°范围内的不均匀分布、颗粒体几何中心和级配在空间的差异性等都是几何各向异性的表现形式。

　　天然沉积的土层，由于受重力和水的作用，往往具有图 5-1 所示的各种各向异性。其中，（a）表示受最小势能原理约束，长轴方向趋向水平；（b）表示较大颗粒在水中往往具有较大的沉降速度，所以较小颗粒常常居于上层；（c）表示在重力和流水作用下，圆形颗粒更容易滚动，所以往往位于上层；（d）表示在水中较重矿物成分沉降较快，所以较轻矿物成分的颗粒往往位于上层。

(a)　　　　　　　　(b)　　　　　　　　(c)　　　　　　(d)

图 5-1　天然沉积土层的各向异性分类

(a) 长轴方向分选；(b) 颗粒大小分选；
(c) 颗粒形状分选；(d) 矿物成分分选

　　根据图 5-1 可以看出，如果加载方式与前期固结应力状态一致（K_0 加载），则所加荷载是在前期条件下的进一步深化和发展，并不会显著改变颗粒体和孔隙体的定向特征。相反，如果施加的荷载与前期固结应力状态不一致，比如最大主应力沿水平方向施加，则可能显著改变颗粒体和孔隙体的分布特征及定向特征。

　　各向异性其实是结构性的一个方面，即特指结构性的方向性属性。一般情况下，结构性愈强，各向异性愈明显。比如，在相同试验条件下，黏土比淤泥的结构性明显，各向异性也更为突出；再比如，岩层的各向异性远大于土层的各向异性。颗粒体排列方式的各向异性，必然促进后续增量荷载作用下强度和变形特性的各向异性。对于天然沉积的原状成层土层，由于竖直方向上的自重应力大于水平方向上的静止侧压力，且土的微观结构在这一应力状态下已经达到稳定。因此，与水平方向相比，竖直方向将可能更加难以压缩。从物理指标看，竖直方向（大主应力方向）上的模量也可能大于水平方向（小主应力方向）上的模量，两个方向的渗透性也可能存在较大差异。不管颗粒体是理想的球体还是复杂的其他形状，只要存在初始应力，就一定存在所谓的结构性。如果初始应力是球应力状态，则不会出现各向异性，因为该应力状态只能压密土体而不会促使颗粒体产生定向作用。如果初始应力包含偏应力，则一定会引起颗粒体在不同方向上的排列和压密程度存在差别，或者会由于剪应力作用而促使颗粒体发生旋转，从而引起不同形式的各向异性。

自然条件下形成的岩土材料具有显著的结构性和各向异性。对由撒砂法得到的试样，Matsuoka 取不同方向为大主应力方向进行了常规三轴试验。结果表明，θ（沉积面与剪切大主应力作用面间的夹角）与土的强度参数具有明显的相关关系，如图 5-2 所示。

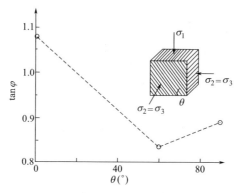

图 5-2　大主应力与沉积面成不同角度时土的摩擦系数变化

撒砂法得到的试样是在特定应力条件下形成的类自然沉积物，因而具有明显的各向异性。事实上，土在各方向上模量的不同，可理解为各方向上已压缩程度的不同。抗剪强度与夹角的相关性，可以理解为由土在不同方向上已压密程度的不同引起的。

5.1.2　初始应力

在土的强度准则和本构模型中，荷载和应力是采用总值表示的。在这个总值中，包含有维持土样初始特定状态所必需的应力部分，即基准应力或初始应力。初始应力指土体未经人工扰动前的天然应力状态，即在施加荷载之前土体中已存在的应力，是与当前微结构特征对应的应力状态。当土的矿物成分、颗粒级配和含水量一定时，土的力学性质在很大程度上取决于其形成时的初始应力状态。比如内摩擦角取决于土的密实度，而密实度取决于固结应力；压硬性依赖于前期应力状态和前期压缩程度；剪胀性直接取决于土颗粒排列的松紧程度，而松紧程度也依赖于前期应力状态。再比如，各向异性之一的原生各向异性，源于沉积过程中不同方向上力学性状的不同（即初始应力状态），即与土颗粒的长轴方向和大主应力之间的角度有关。此外，次生各向异性产生的物质基础是原生各向异性并最终取决于初始应力。

所以，研究岩土体在应力作用下的力学行为，只研究所谓总应力状态下的力学行为，或者只研究所谓应力增量作用下的力学行为都是片面的和不全面的。综合考虑总应力状态与初始应力状态的联系和继承性是合理解释岩土工程复杂现象的有效途径。

可见，初始应力是在施加荷载作用之前，维持特定状态所必需的应力状态。比如制备重塑试样时，土的特定密实度需要特定的应力状态或制样方式（理论上讲，击实法、压样法也可以根据消耗的能量转化为对应的静应力）维持。因此，对于制备好的试样，初始应力引起的变形或固结过程已经完成。后期要维持这个状态，同样需要特定的应力状态，否则试样会逐渐松弛并改变其力学性质。土体的初始应力主要是由其自重引起的，岩体的初始应力来源还包括构造作用。在长期地质作用过程中，颗粒之间已经形成了不同的胶结作用和排列方式（即结构性）。对于 K_0 固结的土层，其初始应力状态可以表示为图 5-3（a）。

对于初始 K_0 应力状态场地，在建筑物施工过程中以及施工完成后的一段时间内，场地内的土颗粒、孔隙水会发生运动，与土相关的物理力学指标也会发生相应变化。随着时间的延续，土微观结构的变化逐渐趋于稳定并最终与对应的应力状态相协调。此时，场地的初始主应力状态表现为沿潜在滑动面的主应力旋转而不是 K_0 应力状态，如图 5-4 所示。

5.1.3 等倾线和 K_0 线，π 平面和 χ 平面

场地正常固结条件下形成的土层，其应力状态为 K_0 应力状态而并非各向等压状态。在原状土的三轴试验中，取出的土样首先要经过制样过程，之后在一定条件下进行固结。待固结完成后，再进

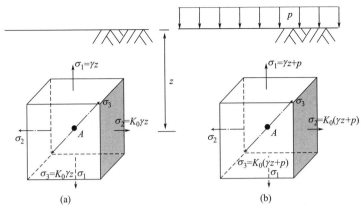

图 5-3 K_0 应力状态的主应力方向

（a）初始应力状态；（b）K_0 加载

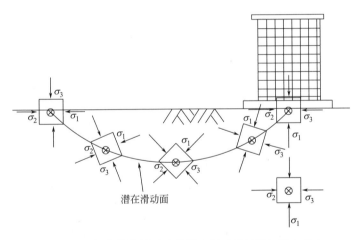

图 5-4 上部荷载作用下地基潜在滑动面处的初始主应力

行相应加载。如果固结加载路线沿着 K_0 线进行并到达场地应力条件，则相当于恢复至土样在地层中的原始状态。在此基础上再进行其他试验，则得到的物理力学指标能够反映原状土在工程中的受力过程。相反，如果固结加载路线沿着等压加载路线进行，即沿着等倾线进行，试样将无法恢复至原始状态，会导致后续试验现象因无法客观反映现场土体的力学过程而失真。

与等倾线 OFE 垂直的平面是 π 平面；而与初始应力线 OCD 垂直的平面定义为 χ 平面。不同的原状土，其 K_0 值和对应的 χ 平面一般是不同的，如图 5-5 所示。显然，所有的 K_0 线都在一个平面内，此处定义为 K_0 应力面。对于原状土，由于其固结过程是沿着 K_0 线进行的，最终状态是在 K_0 线上的某一点，故其屈服面应该以 K_0 线为轴线。等倾线的方向向量为（1，1，1），K_0 线的方向向量为（1，K_0，K_0）。因此，等倾线与 K_0 线之间的夹角 ω 为

$$\omega = \arctan\left(\frac{\sqrt{2}}{2K_0}\right) - 35.27° \qquad (5\text{-}1)$$

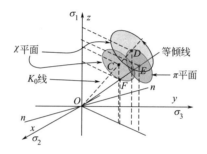

图 5-5　等倾线和 K_0 固结线与 π 平面和 χ 平面

可见，将 π 平面绕 K_0 应力面的法线 n-n 旋转角度 ω 可得到 χ 平面。

5.2　颗粒碎散材料的应力表示

对颗粒状材料而言，特定外界条件形成的集聚体具有不同的物理力学性质。比如即使泥岩与淤泥的矿物成分完全一样，其土力学性质也是截然不同的。一般而言，应力条件与土的密度、强度以及其他力学性质具有唯一性关系。

5.2.1　增量应力

多数物理量都是相对的概念。比如海拔是指某点相对于基准海平面的垂直距离，而基准海平面是人为确定的；摄氏零度是以一个标准大气压条件下冰水混合物的温度定义的；位置势能的大小是以

某一确定高度为参照零点的。同样，应力的度量也取决于基点或零点的选择，也是一个相对量值。

力和应力的测量是在地球重力和大气压环境内完成的，根据研究对象和研究内容的不同，可以选择不同的基点作为应力零点。作者认为，在研究岩土等颗粒碎散材料的力学性质时，采用增量应力的表示方法更为合理。其原因在于，岩土体当前的微观结构取决于初始应力，且施加荷载后的微结构演变过程也依赖于初始应力决定的初始微结构状态。因此，将初始应力从总应力中剥离出来，将初始应力状态定义为零点，并将剩余部分定义为增量应力的方法，便于从本质上对土的力学性质进行研究。

正常固结条件下，土中任意点的初始应力状态为 K_0 应力状态（z 为竖直方向）。设某点的应力状态 $\boldsymbol{\sigma}$ 对应于图 5-5 中的 C 点，其表达式为

$$\boldsymbol{\sigma} = \{K_0\sigma_{zz}^0 \quad K_0\sigma_{zz}^0 \quad \sigma_{zz}^0\} \tag{5-2}$$

则当该点从地层中取出时（取样），对应于卸载到绝对零应力状态，相应的增量应力 $\Delta\boldsymbol{\sigma}$ 为

$$\Delta\boldsymbol{\sigma} = \boldsymbol{0} - \{K_0\sigma_{zz}^0 \quad K_0\sigma_{zz}^0 \quad \sigma_{zz}^0\} = \{-K_0\sigma_{zz}^0 \quad -K_0\sigma_{zz}^0 \quad -\sigma_{zz}^0\} \tag{5-3}$$

因此，相对于初始状态，原状土的取样过程是一个三向受拉过程，故其体积会发生膨胀。可见，增量应力 $\boldsymbol{\sigma}^*$ 是总应力中的增量部分，等于总应力 $\boldsymbol{\sigma}$ 与初始应力 $\boldsymbol{\sigma}_0$ 之差，即

$$\boldsymbol{\sigma}^* = \boldsymbol{\sigma} - \boldsymbol{\sigma}_0 \tag{5-4a}$$

在三维空间中，式（5-4a）是一个 3×3 矩阵，即

$$\begin{bmatrix} \sigma_{xx}^* & \sigma_{xy}^* & \sigma_{xz}^* \\ \sigma_{yx}^* & \sigma_{yy}^* & \sigma_{yz}^* \\ \sigma_{zx}^* & \sigma_{zy}^* & \sigma_{zz}^* \end{bmatrix} = \begin{bmatrix} \sigma_{xx} & \sigma_{xy} & \sigma_{xz} \\ \sigma_{yx} & \sigma_{yy} & \sigma_{yz} \\ \sigma_{zx} & \sigma_{zy} & \sigma_{zz} \end{bmatrix} - \begin{bmatrix} \sigma_{xx}^0 & \sigma_{xy}^0 & \sigma_{xz}^0 \\ \sigma_{yx}^0 & \sigma_{yy}^0 & \sigma_{yz}^0 \\ \sigma_{zx}^0 & \sigma_{zy}^0 & \sigma_{zz}^0 \end{bmatrix} \tag{5-4b}$$

其中

$$\boldsymbol{\sigma}^* = \begin{bmatrix} \sigma_{xx}^* & \sigma_{xy}^* & \sigma_{xz}^* \\ \sigma_{yx}^* & \sigma_{yy}^* & \sigma_{yz}^* \\ \sigma_{zx}^* & \sigma_{zy}^* & \sigma_{zz}^* \end{bmatrix} \tag{5-5}$$

$$\boldsymbol{\sigma} = \begin{bmatrix} \sigma_{xx} & \sigma_{xy} & \sigma_{xz} \\ \sigma_{yx} & \sigma_{yy} & \sigma_{yz} \\ \sigma_{zx} & \sigma_{zy} & \sigma_{zz} \end{bmatrix} \tag{5-6}$$

$$\boldsymbol{\sigma}_0 = \begin{bmatrix} \sigma_{xx}^0 & \sigma_{xy}^0 & \sigma_{xz}^0 \\ \sigma_{yx}^0 & \sigma_{yy}^0 & \sigma_{yz}^0 \\ \sigma_{zx}^0 & \sigma_{zy}^0 & \sigma_{zz}^0 \end{bmatrix} \tag{5-7}$$

增量主应力张量的平均应力 p^* 和增量广义剪应力 q^* 分别为

$$p^* = \frac{\sigma_{xx}^* + \sigma_{yy}^* + \sigma_{zz}^*}{3} \tag{5-8}$$

$$q^* = \frac{1}{\sqrt{2}} \sqrt{(\sigma_1^* - \sigma_2^*)^2 + (\sigma_2^* - \sigma_3^*)^2 + (\sigma_3^* - \sigma_1^*)^2} \tag{5-9}$$

式（5-2）的矩阵形式为

$$\boldsymbol{\sigma}_0 = \begin{bmatrix} \sigma_{xx}^0 & 0 & 0 \\ 0 & \sigma_{yy}^0 & 0 \\ 0 & 0 & \sigma_{zz}^0 \end{bmatrix} = \begin{bmatrix} K_0\sigma_{zz}^0 & 0 & 0 \\ 0 & K_0\sigma_{zz}^0 & 0 \\ 0 & 0 & \sigma_{zz}^0 \end{bmatrix} \tag{5-10}$$

由式（5-2）得到，K_0 加载时的增量应力为

$$\boldsymbol{\sigma} = \{ K_0(\sigma_{zz} - \sigma_{zz}^0) \quad K_0(\sigma_{zz} - \sigma_{zz}^0) \quad (\sigma_{zz} - \sigma_{zz}^0) \} \tag{5-11}$$

可见，分层总和法地基沉降计算过程中的附加应力是式（5-11）中的最后一项，即

$$\sigma_{zz}^* = \sigma_{zz} - \sigma_{zz}^0 \tag{5-12}$$

对于无支护开挖的基坑工程，如图 5-6 所示，不同位置处的增量应力具有不同的形式。如果局部存在大面积加载，则单元体 1 处于 K_0 加载状态，其增量应力为式（5-11）。而位于开挖边缘处单元体 2 的总应力为

$$\boldsymbol{\sigma} = \begin{bmatrix} 0 & 0 & 0 \\ 0 & \sigma_{yy} & \sigma_{yz} \\ 0 & \sigma_{zy} & \sigma_{zz} \end{bmatrix} \tag{5-13}$$

相应的，单元体 2 的增量应力为

$$\begin{bmatrix} \sigma_{xx}^* & \sigma_{xy}^* & \sigma_{xz}^* \\ \sigma_{yx}^* & \sigma_{yy}^* & \sigma_{yz}^* \\ \sigma_{zx}^* & \sigma_{zy}^* & \sigma_{zz}^* \end{bmatrix} = \begin{bmatrix} -\sigma_{xx}^0 & -\sigma_{xy}^0 & -\sigma_{xz}^0 \\ -\sigma_{yx}^0 & \sigma_{yy}-\sigma_{yy}^0 & \sigma_{yz}-\sigma_{yz}^0 \\ -\sigma_{zx}^0 & \sigma_{zy}-\sigma_{zy}^0 & \sigma_{zz}-\sigma_{zz}^0 \end{bmatrix} \quad (5\text{-}14)$$

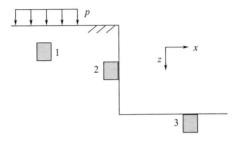

图 5-6 基坑不同位置处的增量应力

坑底单元体 3 的总应力为

$$\boldsymbol{\sigma} = \begin{bmatrix} \sigma_{xx} & \sigma_{xy} & 0 \\ \sigma_{yx} & \sigma_{yy} & 0 \\ 0 & 0 & 0 \end{bmatrix} \quad (5\text{-}15)$$

单元体 3 的增量应力为

$$\begin{bmatrix} \sigma_{xx}^* & \sigma_{xy}^* & \sigma_{xz}^* \\ \sigma_{yx}^* & \sigma_{yy}^* & \sigma_{yz}^* \\ \sigma_{zx}^* & \sigma_{zy}^* & \sigma_{zz}^* \end{bmatrix} = \begin{bmatrix} \sigma_{xx}-\sigma_{xx}^0 & \sigma_{xy}-\sigma_{xy}^0 & -\sigma_{xz}^0 \\ \sigma_{yx}-\sigma_{yx}^0 & \sigma_{yy}-\sigma_{yy}^0 & -\sigma_{yz}^0 \\ -\sigma_{zx}^0 & -\sigma_{zy}^0 & -\sigma_{zz}^0 \end{bmatrix} \quad (5\text{-}16)$$

理想条件下，单元体 2 和单元体 3 均只有坐标方向的主应力作用而无剪应力作用，相应的增量应力只有拉主应力 $-\sigma_{xx}^0$ 和 $-\sigma_{zz}^0$。这正是基坑侧壁和坑底土体在施工过程中有一定程度侧胀和隆起的原因。初始状态为 K_0 固结状态时，对应的初始应力为 $\{K_0\sigma_z, K_0\sigma_z, \sigma_z\}$。若该土样从原始场地取出后进行等 p 压缩，则对应的总应力为 $\{p, p, p\}$，对应的增量应力为 $\{p-K_0\sigma_z, p-K_0\sigma_z, p-\sigma_z\}$。对于 K_0 加载（设 $K_0=0.3$），若某点的上覆压力 $\gamma z=100\text{kPa}$，荷载逐步增加并最终达到 $p=300\text{kPa}$ 时，增量应力与 p 的关系如图 5-7 所示。

其中，系列 1 和系列 2 分别为竖直方向的增量应力 σ_1^* 和水平方向的增量应力 σ_2^*；系列 3 和系列 4 分别为增量平均主应力 p^* 和

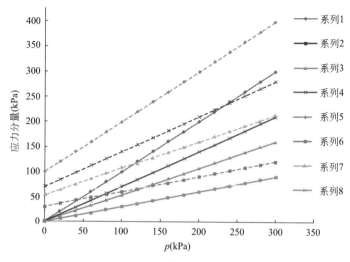

图 5-7 K_0 继续加载的增量应力

增量广义剪应力 q^*。系列 5 和系列 6 分别为竖直方向的总应力和水平方向的总应力；系列 7 和系列 8 分别为总的平均主应力和总的广义剪应力。

对于总应力相同的两个试样，如果初始应力不同，则增量应力便不会相同。比如，某重塑三轴试样在围压 100kPa 下固结完成（初始应力状态为 100kPa，100kPa，100kPa）后卸载；而另一原状试样（初始应力状态 200kPa，100kPa，100kPa）取样后应力释放。如果都逐级施加 0～300kPa 围压，则各项增量应力如图 5-8 所示。

其中，系列 1 为重塑试样三个主应力及其平均应力的变化过程；系列 2 为重塑试样广义剪应力的变化过程；系列 3 为原状试样第一主应力的变化过程；系列 4（与系列 1 重合）为原状试样第二和第三主应力的变化过程；系列 5 为重塑试样平均主应力的变化过程；系列 6 为重塑试样广义剪应力的变化过程。可见，虽然总应力变化过程一样，但由于等压固结和 K_0 固结的初始应力不等，土的增量应力存在很大差别。

5.2.2 加卸载

宏观的摩擦系数或摩擦角至少涵盖了微观摩擦和微观咬合两方

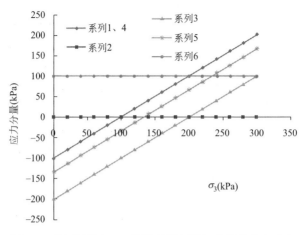

图 5-8　等压固结与 K_0 固结的等压再加载增量应力对比

面的作用。一般认为，摩擦可以存在于不同物体之间，也可以存在于某一物体内部，如图 5-9 所示。前者称为外摩擦，如物块与路面之间的摩擦；后者称为内摩擦，如土颗粒体之间的摩擦。理论上讲，摩擦只能存在于不同物体之间而不能出现在某一物体内部。外摩擦和内摩擦是不同尺度物体间的作用，前者尺度较大，后者尺度较小，并无本质差别。

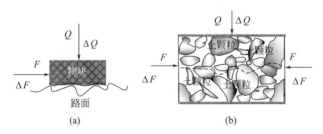

图 5-9　不同尺度物体之间的摩擦和咬合

（a）两个物体之间；（b）土颗粒之间

在外力作用下，碎散材料堆积体中的颗粒会发生两方面的运动：①在应力球张量和应力偏张量作用下，颗粒体分别发生瞬时平动和瞬时转动；②由于蠕变性，土颗粒的平动和转动会随着时间的延续持续一段时间，并最终稳定下来。

对于图 5-9（b）所示的正常固结（K_0）土体，当按原比例增大纵横荷载时，虽然土体的宏观尺寸会发生改变，但土颗粒一般并不会产生瞬时转动和蠕变转动，即颗粒的方向不会发生显著改变。若对其施加等压荷载，水平方向的变形量将大于竖直方向的变形量，并将弱化或改变颗粒长轴的定向性并导致颗粒转动。

对于图 5-10（a）所示的等压固结重塑土，若继续等压加载，则三个主方向的压缩量将是相同的，颗粒 A 只发生平动而不会转动，如图 5-10（b）所示。若在等压固结的基础上侧限加载，即只允许竖向变形，则颗粒 A 除了发生平动之外，还会转动，如图 5-10（c）所示。可见，当加载方式与初始应力一致时，颗粒一般只发生平动；当荷载施加方式与初始应力不一致时，颗粒除了平动之外，还常常伴有明显的转动。

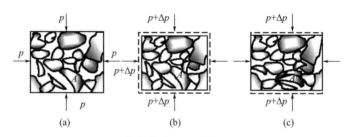

图 5-10　加载模式对颗粒定向性的影响

（a）等压固结；（b）等压加载；（c）不等压加载

总之，颗粒碎散材料的力学性质常常依赖于固结完成时的应力状态即初始应力状态。因此，在研究土的力学性质时，应该将研究的基点定义为初始应力状态及该材料状态对应的应力状态，而不是绝对零应力状态。

为更好地描述初始应力状态对后续变形的影响，有必要研究增量应力与初始应力的相对关系。因此，寻求一种能描述加载大小与初始结构关系的参数，对认识和研究土的强度特征和变形特征是非常必要的。这里定义加（卸）载比 α 为某一增量应力与其初始应力之比，即

$$\alpha = \frac{\kappa^*}{\kappa^0} \tag{5-17}$$

其中，κ 为某一应力，可以是正应力、剪应力，也可以是平均应力、偏应力、八面体应力等。上标 0 表示初始应力；上标 * 表示增量应力。由于平均应力、偏应力、八面体应力等是正应力和剪应力的线性组合，所以，在上述各种加载比中，只有 6 个是独立的。3 个正应力和 3 个剪应力是其中的一个最大线性无关组，对应的加载比矩阵为

$$\boldsymbol{\alpha} = \begin{bmatrix} \alpha_{xx} & \alpha_{xy} & \alpha_{xz} \\ \alpha_{yx} & \alpha_{yy} & \alpha_{yz} \\ \alpha_{zx} & \alpha_{zy} & \alpha_{zz} \end{bmatrix} = \begin{bmatrix} \alpha_{xx} & \alpha_{xy} & \alpha_{xz} \\ & \alpha_{yy} & \alpha_{yz} \\ & & \alpha_{zz} \end{bmatrix} \tag{5-18}$$

5.3　原状土的变形特点

基点的选择对研究颗粒碎散材料的力学性质非常重要。比如，同一类土在不同围压条件下常常表现出截然不同的变形特点（比如低围压时硬化而高围压时软化）。建立同时考虑初始应力和增量应力对结构性影响的应力状态表示方法，能更好地刻画后期力学特性对前期状态的依赖性。

5.3.1　砂的等向压缩

Matsuoka 对撒砂法制得的试样进行了等向压缩[38]，试验结果如图 5-11 所示（z 轴方向为沉积方向）。虽然施加的 x、y、z 三个方向的主应力是相等的，但沉积方向的应变始终小于另两个正交方向的应变，即 $\varepsilon_x = \varepsilon_y > \varepsilon_z$。分析产生这种现象的原因后发现，初始应力及初始状态的不均等性是其根本原因。从而再次表明，初始应力、增量应力的表示方法较总应力表示方法更为合理。

5.3.2　软黏土的真三轴试验

L. Callisto 等给出了比萨斜塔下原状软黏土的固结排水真三轴试验，该土的含水量为 60%。试验时，先将获得的原状试样在现场应力条件下重新固结 40h，直到体积应变率小于 0.002%/h 为止。之后进行等 p 条件下的排水真三轴试验，试验结果如图 5-12 所示[39]。

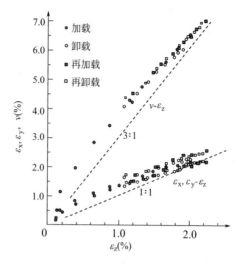

图 5-11　撒砂法试样等向压缩试验中的应变差异现象

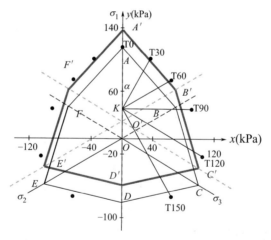

图 5-12　比萨软黏土真三轴试验结果和 Mohr-Coulomb 准则模拟

共进行了 7 个相同试样的等 p 真三轴试验。图中的 K 点
（113.5，75.5，75.5）被认为是试样的原始应力状态，也是该试验
的重新固结应力状态。试验的有效应力路径分别沿直线达到 T0、
T30、T60、T90、T120、T150 和 T180（其中 T180 没有完成）。

在 π 平面上，建立 xOy 坐标系，其中 O 在等倾线上。则三维应力点的位置坐标是

$$x = \frac{\sqrt{2}}{2}(\sigma_3 - \sigma_2) \tag{5-19}$$

$$y = \frac{\sqrt{6}}{6}(2\sigma_1 - \sigma_2 - \sigma_3) \tag{5-20}$$

与大多数屈服准则一样，Mohr-Coulomb 准则是以重塑土为基础建立起来的，将其应用于自然沉积的原状土必然有其局限性。由式（5-19）和式（5-20）得到，对于重塑土，O 点坐标为（0，0）；对于自然沉积的成层土，由于 $\sigma_2 = \sigma_3 = K_0 \sigma_1$，等倾线 O_1O 不再具有静水压力的概念（因为沿此线加载有剪应变产生），而基于增量应力概念的 O_1O' 具有与重塑土中静水压力线类似的意义。因此，对于通过自然沉积方式形成的岩土，Mohr-Coulomb 屈服面在 π 平面上的迹线应该上移一段距离 OO'，对应的 $-30° \leqslant \theta_\sigma \leqslant 30°$ 范围内的方程为

$$y' = -\frac{\sqrt{3}}{\sin\varphi}x - \sqrt{6}\,c\cot\varphi + \sqrt{6}\,\sigma_m + \beta \tag{5-21}$$

其中

$$\beta = OO' = \frac{\sqrt{6}\,\sigma_1}{3}(1 - K_0) \tag{5-22}$$

根据图 5-12，可以量得 T0、T30、T60、T90、T120、T150 对应的坐标点 (x_0, y_0)，结果见表 5-1 所列。

根据 L. Callisto 基于比萨原状软黏土的真三轴试验结果　表 5-1

试验编号	T0	T30	T60	T90	T120	T150
x_0	0	35.5	63	90	104.5	64
y_0	115	101	74.5	38	−23	−72
σ_1	182.1	170.6	149.0	119.2	69.4	29.4
σ_2	41.2	21.8	13.2	9.0	23.7	72.3
σ_3	41.2	72.0	102.3	136.3	171.4	162.8

等 p 试验满足的条件是

$$\sigma_1 + \sigma_2 + \sigma_3 = 3\sigma_m \tag{5-23}$$

根据式（5-19）、式（5-20）和式（5-23）可以得到对应的 σ_1、σ_2 和 σ_3，根据式（5-4）可以计算出各路径的增量应力，见表 5-2 所列。

比萨原状软黏土真三轴试验的增量应力与加载比   表 5-2

试验编号	T0	T30	T60	T90	T120	T150
σ_1^*	68.6	57.1	35.5	5.7	−44.1	−84.1
	0.604	0.503	0.313	0.050	−0.389	−0.741
σ_2^*	−34.3	−53.7	−62.3	−66.5	−51.8	−3.2
	−0.454	−0.711	−0.825	−0.881	−0.686	−0.042
σ_3^*	−34.3	−3.5	26.8	60.8	95.9	87.3
	−0.454	−0.046	0.355	0.805	1.270	1.156

根据式（2-61）和式（5-9）可计算出基于总应力的广义剪应力和基于增量应力的广义剪应力，它们随 π 平面上加载角 α 的变化可以表示在雷达图中，如图 5-13 所示。这里，加载角与应力罗德角 θ_σ 的关系为 $\alpha = 90° - \theta_\sigma$。鉴于 T180 试验没有完成，这里首先根据图 5-12 中的其他试验点拟合曲线量得 T180 对应的坐标点 (x_0, y_0) 为 $(0, -87)$；之后再计算对应的 σ_1、σ_2、σ_3、σ_1^*、σ_2^*、σ_3^* 以及 q、q^*。

可见，在 0°～180° 范围内，随 α 增大，q^* 单调增大；而 q 的变化则表现为减—增—减，并无规律性可言。事实上，q^* 在 0°～180° 范围内的单调性正好反映了原状黏土的各向异性，而 q 则无法显现这种各向异性。因此，与常规总应力方法相比，增量应力的表示方法能表述原状土的结构性和各向异性。

在图 5-12 中，文献 [9] 给出了基于各向同性假设的 Mohr-Coulomb 强度准则在 π 平面上对应的屈服迹线，这里分别表示为 AB、BC、CD、DE、EF 和 FA。一方面，根据量测结果可得到这些直线的方程；另一方面，上述 6 条直线是关于直线 AD、BE 和 CF 对称的，据此可以对这 6 个方程的协调性进行校核。设 6 条

直线具有统一的形式，即

$$y = ax + b \tag{5-24}$$

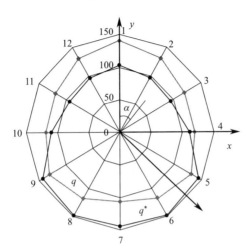

图 5-13　广义剪应力与加载角的关系

根据量测并考虑 6 个方程的协调性后，得到的对应系数见表 5-3 所列。

比萨软黏土在 π 平面上的 Mohr-Coulomb 屈服迹线　　表 5-3

直线	AB	BC	CD	DE	EF	FA
a	-1.085	-3.210	0.224	-0.224	3.210	1.085
b	115	262.043	-79.883	-79.883	262.043	115

点（x_0，y_0）到直线的距离 d 为

$$d = \frac{|ax_0 - y_0 + b|}{\sqrt{a^2 + 1}} \tag{5-25}$$

根据点的坐标和直线方程，可以得到试验点到表 5-3 所示 6 个方程的距离，计算结果见表 5-4 所列。可见，基于各向同性假设的 Mohr-Coulomb 强度准则与试验数据误差较大，相应的总距离达到 83.02。其根本原因在于比萨斜塔下的原状软黏土是自然沉降的，且受到塔身荷载的长期作用，因而必定具有各向异性。而常规的

81

Mohr-Coulomb 强度准则在模拟具有各向异性特点的岩土类材料时，其系统误差是难以避免的。

屏服点到相应 Mohr-Coulomb 屏服迹线的距离 表 5-4

试验编号	T0	T30	T60	T90	T120	T150	Σ
对应的直线	AB		BC		CD		
d	0.00	16.62	18.88	19.29	14.99	6.30	83.02

根据本书的结构性强度模型，在 π 平面内将常规 Mohr-Coulomb 屏服迹线沿 y 方向平移一段距离 β，如图 5-12 中的粗实线所示。由式（5-24）得到平移后的直线方程为

$$y' = ax + b + \beta \tag{5-26}$$

表 5-1 中的试验点 (x_0, y_0) 到直线式（5-26）的距离为

$$d^* = \frac{|ax_0 - y_0 + b + \beta|}{\sqrt{a^2 + 1}} \tag{5-27}$$

将对应的数据代入后，可以得到 6 个试验点到对应直线的距离之和 $\sum d^*$，即

$$\sum d^* = \frac{|\beta| + |\beta - 24.518| + |\beta - 27.855|}{1.476}$$
$$+ \frac{|\beta - 64.857| + |\beta - 50.402|}{3.362} + \frac{|\beta + 6.453|}{1.025} \tag{5-28}$$

可见，$\sum d^*$ 是 β 的函数。图 5-14 给出了 $\sum d^*$ 及其分量随 β 的变化过程。其中，d_1^* 为 T0、T30、T60 到直线 AB 的距离之和；d_2^* 为 T90、T120 到直线 BC 的距离之和；d_3^* 为 T150 到直线 CD 的距离。

可见，当 $\beta = 25.5$ 时（常规 Mohr-Coulomb 六边形屏服迹线沿 y 方向移动 25.5kPa），新的六边形（与常规的位置不同）与真三轴试验结果最为接近，其误差为 68.79，明显小于常规 Mohr-Coulomb 准则 83.02 的拟合误差。

另外，根据式（5-19）和式（5-20），可以得到 K 点的坐标为 $(0, 31.03)$，略高于 Mohr-Coulomb 屏服准则不规则六边形的新位

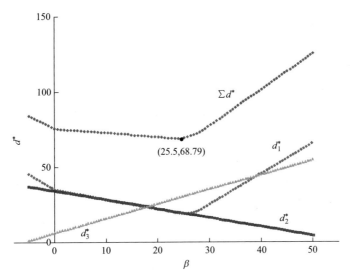

图 5-14 屈服点到修正 Mohr-Coulomb 屈服线距离之和随 β 的变化

置中心 O'（0，25.5）。其原因至少包括两个方面：①取样后的应力释放必然引起土样膨胀，即使在原始应力条件下重新固结，短时间内也难以完全达到原状土的初始特定结构。文献［39］的固结终止条件是体应变率小于 0.002%/h 而不是 0%/h，本身就说明再固结试样与原位土必定存在差别；②不仅原始场地的竖向有效应力 σ_1 会随着外界条件（比如水位、地面荷载）的变化而变化，而且侧土压力 σ_2、σ_3 的准确确定也很困难。也就是说，真三轴试验施加的固结应力与真实的原始应力肯定存在一定差异。

5.4 π 平面上原状土的空心扭剪试验

空心圆柱扭转仪是先进的大型仪器设备。它通过控制空心圆柱试样的轴力、扭矩、外压和内压 4 个加载参数，实现对平均主应力、偏应力、中主应力系数和主应力方向角的控制，以完成多种复杂应力路径试验。试验过程中，单元体上的应力状态可以表示为三个主应力和大主应力方向角等 4 个独立的参量，也可表示为中主应力系数、平均主应力、广义剪应力和大主应力方向角。

在平衡状态，通过空心圆柱扭剪试验仪给空心试样施加的外压和内压应该是相等的，否则试样将处于不平衡状态。因此，处于平衡状态的空心圆柱试样可以承受轴力、扭矩、内外径向压力，即通过空心扭剪试验系统，可以给空心圆柱试样施加一个三向应力状态。所以，空心圆柱扭剪试验仪不但可以完成定向剪切试验和主应力连续旋转试验，还可以完成某些真三轴试验项目。

5.4.1　空心圆柱试样的应力状态

空心圆柱扭剪试验系统可独立地对空心试样施加轴向荷载 W、扭矩 M_T、外室压力 p_o、内室压力 p_i，从而在试样中产生不同的应力条件。本书认为，在平衡条件下，外室压力 p_o 和内室压力 p_i 必须保持相等，即 $p_o = p_i = p_1$，如图 5-15 所示。

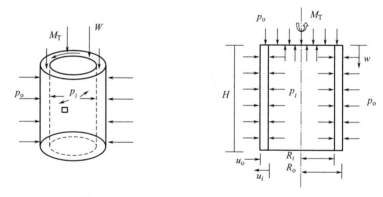

图 5-15　空心圆柱扭剪试验中试样的受力状态

所以，空心圆柱扭剪试验仪可以给空心试样施加三个独立的应力分量[40]。另外，通过空心圆柱扭剪试验系统，可以测试的位移包括垂直位移 w、扭转角 θ、外径增量 u_o、内径增量 u_i 等。当假设空心圆柱试样满足薄壁条件时，任意单元体在平衡状态时的受力状态是一样的，如图 5-16（a）所示。

在图 5-16 中，σ_z、σ_θ、σ_r、$\tau_{z\theta}$ 分别是轴向应力、切向应力、径向应力、扭剪应力。单元体的主应力状态如图 5-16（b）所示，其中 σ_1、σ_2、σ_3 为 3 个主应力，α 为主应力方向角。

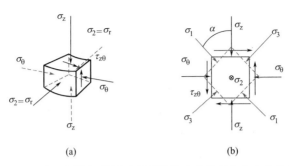

图 5-16　空心圆柱扭剪试验中试样的应力状态和主应力状态

(a) 轴对称单元体；(b) 标准单元体

空心圆柱试样是一个轴对称几何体，当受扭矩作用时，某点的剪应力与其到轴心的距离成线性比例关系。因此，受扭空心圆柱试样上的剪应力并不是均匀分布的。不过，通过调整试样的高度和内外径尺寸，可以使应力分布的不均匀程度降至最低。常规的试样尺寸一般为 $D100\text{mm} \times d50\text{mm} \times H150\text{mm}$，并采用平均应力和平均应变的概念代替任意一点的真实应力和真实应变。空心试样平均应力和平均应变的计算依赖于圆柱试样的横截面积。在剪切过程中，必须由实测的总体变 ΔV 和实测的内腔体变 ΔV_{in} 对试样的内径和外径进行修正。假设试样仍然是圆柱形，则固结完成后的内径和外径分别为

$$R_{ic} = \sqrt{\frac{\pi R_{i0}^2 H_0 + \Delta V_{inc}}{(H_0 - \Delta H_0)\pi}} \tag{5-29}$$

$$R_{oc} = \sqrt{\frac{\pi R_{o0}^2 H_0 + \Delta V_{inc} - \Delta V_c}{(H_0 - \Delta H_0)\pi}} \tag{5-30}$$

下标 0 表示试样的初始几何尺寸，下标 c 表示固结完成。R_{i0}、R_{o0} 为初始内径与外径，H_0 和 ΔH_0 为初始高度和完成固结时的轴向变形，ΔV_{inc} 和 ΔV_c 为完成固结时内腔体变和试样总体变。在扭剪过程中，t 时刻的内径和外径分别是

$$R_{it} = \sqrt{\frac{\pi R_{ic}^2 H_c + \Delta V_{int}}{(H_c - \Delta H_t)\pi}} \tag{5-31}$$

$$R_{ot} = \sqrt{\frac{\pi R_{oc}^2 H_c + \Delta V_{int} - \Delta V_t}{(H_c - \Delta H_t)\pi}} \qquad (5\text{-}32)$$

其中，$H_c = H_0 - \Delta H_0$，ΔH_t 为试样的轴向变形，ΔV_{int} 和 ΔV_t 分别为内腔体变和试样总体变。利用式（5-29）～式（5-32）可以计算固结和扭剪时试样的横截面积，并据此计算平均应力、平均应变及其他相关参数。平均轴向应力 σ_z、平均环向应力 σ_θ、平均径向应力 σ_r、平均扭剪应力 $\tau_{z\theta}$ 分别为

$$\sigma_z = \frac{1}{R_o^2 - R_i^2}\left[\frac{W}{\pi} + (p_o R_o^2 - p_i R_i^2)\right] \qquad (5\text{-}33)$$

$$\sigma_\theta = \frac{p_o R_o - p_i R_i}{R_o - R_i} \qquad (5\text{-}34)$$

$$\sigma_r = \frac{p_o R_o + p_i R_i}{R_o + R_i} \qquad (5\text{-}35)$$

$$\tau_{z\theta} = \frac{3}{2\pi}\frac{M_T}{R_o^3 - R_i^3} \qquad (5\text{-}36)$$

若外室压力与内室压力相等，即 $p_o = p_i = p_1$，则平均轴向应力 σ_z、平均环向应力 σ_θ、平均径向应力 σ_r 分别为

$$\sigma_z = \frac{1}{R_o^2 - R_i^2}\frac{W}{\pi} + p_1 \qquad (5\text{-}37)$$

$$\sigma_\theta = p_1 \qquad (5\text{-}38)$$

$$\sigma_r = p_1 \qquad (5\text{-}39)$$

无论是固结过程还是剪切过程，只有在外室压力与内室压力相等时才能满足静力平衡条件。因此，后文的推导均以式（5-37）～式（5-39）为基础。

5.4.2　π 平面上不同中主应力系数的加载

根据图 5-16（a）得到，垂直于直径的平面上没有剪应力存在，因此径向应力是一个主应力，即

$$\sigma_2 = \sigma_r \qquad (5\text{-}40)$$

其余两个主应力 σ_1 和 σ_3 分别为

$$\sigma_1 = \frac{\sigma_z + \sigma_\theta}{2} + \sqrt{\left(\frac{\sigma_z - \sigma_\theta}{2}\right)^2 + \tau_{z\theta}^2} \qquad (5\text{-}41)$$

$$\sigma_3 = \frac{\sigma_z + \sigma_\theta}{2} - \sqrt{\left(\frac{\sigma_z - \sigma_\theta}{2}\right)^2 + \tau_{z\theta}^2} \tag{5-42}$$

将式（5-37）～式（5-39）代入到式（5-41）和式（5-42）可以得到

$$\sigma_1 = \frac{1}{R_o^2 - R_i^2}\frac{W}{2\pi} + p_1 + \sqrt{\left(\frac{1}{R_o^2 - R_i^2}\frac{W}{2\pi}\right)^2 + \left(\frac{3}{2\pi}\frac{M_T}{R_o^3 - R_i^3}\right)^2}$$
$$\tag{5-43}$$

$$\sigma_3 = \frac{1}{R_o^2 - R_i^2}\frac{W}{2\pi} + p_1 - \sqrt{\left(\frac{1}{R_o^2 - R_i^2}\frac{W}{2\pi}\right)^2 + \left(\frac{3}{2\pi}\frac{M_T}{R_o^3 - R_i^3}\right)^2}$$
$$\tag{5-44}$$

主应力方向角即大主应力偏离试样轴线的角度为

$$\alpha = \frac{1}{2}\tan^{-1}\frac{2\tau_{z\theta}}{\sigma_z - \sigma_\theta} = \frac{1}{2}\tan^{-1}\left(\frac{3M_T}{W}\frac{R_o + R_i}{R_o^2 + R_i R_o + R_i^2}\right)$$
$$\tag{5-45}$$

即

$$\alpha = \frac{1}{2}\tan^{-1}\left(3k\frac{R_o + R_i}{R_o^2 + R_i R_o + R_i^2}\right) \tag{5-46}$$

其中

$$k = \frac{M_T}{W} \tag{5-47}$$

主应力轴定向剪切试验是空心圆柱扭剪试验仪能够完成的一类试验项目。试验过程中，始终保持大主应力与试样轴线保持某一固定角度，通过调节轴向荷载、内外室压力和扭矩，以施加不同的主应力状态，同时保证平均主应力和中主应力系数不变。主应力轴旋转试验是在保持平均主应力不变的条件下，通过增加大主应力方向角 α 的主应力轴纯旋转试验，即大主应力方向在垂直于中主应力的平面内连续旋转。

由式（5-45）可知，在加载过程中若保持扭矩与轴向荷载的比值不变，则大主应力方向角将是不变的。另外，平均主应力 p 为

$$p = \frac{\sigma_1 + \sigma_2 + \sigma_3}{3} = \frac{\sigma_z + \sigma_r + \sigma_\theta}{3} = \frac{W}{3\pi}\frac{1}{R_o^2 - R_i^2} + p_1$$
$$\tag{5-48}$$

因此，π 平面上的试验需要满足式（5-48）等于常数这一要求。另外，在空心扭剪试验中进行 π 平面上的原状土试验，还要满足主应力方向保持不变这一条件，即主应力方向角 α 应等于常数。

5.4.3 初始应力状态和加载方案

在等压固结过程中，土单元的受力状态是球应力，不同应力点 O_i 在主应力空间中的位置均位于等倾线上。而在真实的地层中，土的受力是所谓的 K_0 状态，即 $K_0\sigma_1 = \sigma_2 = \sigma_3$。其中，$K_0$ 是一个小于 1 的常数。地层不同深度处的应力状态可以用主应力空间中的一点 O_{i1} 表示，且这些点均位于 K_0 线上，如图 5-17（a）所示。

原状试样的取样过程是一个应力释放过程，即从 O_{i1} 点退减至 O 点。如果在实验室研究原状土的力学性质，理想的试验方案是先将试样的应力状态从 O 点恢复至 O_{i1} 点，然后再进行相应的试验。如果将试样进行等压固结，即试样的应力状态从 O 点加载至 O_i 点，则会由于 O_i 到 O_{i1} 的应力增量引起试样在"试验开始前"发生难以预测的力学反应。因此，合理的试验方案是将取回的原状试样进行 K_0 固结至原始应力状态 O_{i1}，然后再进行相应的试验。若将上述试验方案表示在 π 平面上，则得到图 5-17（b）。

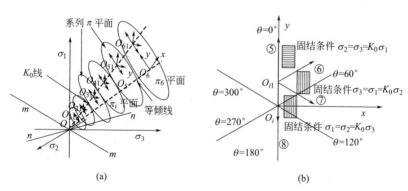

图 5-17　K_0 固结 π 平面上的应力控制式三轴试验
（a）侧视图；（b）π 平面上的加载路径（$i=1、2、3、4、5、6$）

根据式（5-19）和式（5-20）可以得到

$$x = \frac{\sqrt{2}}{2} \left[\frac{1}{R_o^2 - R_i^2} \frac{W}{2\pi} - \sqrt{\left(\frac{1}{R_o^2 - R_i^2} \frac{W}{2\pi} \right)^2 + \left(\frac{3}{2\pi} \frac{M_T}{R_o^3 - R_i^3} \right)^2} \right]$$

$$(5\text{-}49)$$

$$y = \frac{\sqrt{6}}{6} \left[\frac{1}{R_o^2 - R_i^2} \frac{W}{2\pi} + 3\sqrt{\left(\frac{1}{R_o^2 - R_i^2} \frac{W}{2\pi} \right)^2 + \left(\frac{3}{2\pi} \frac{M_T}{R_o^3 - R_i^3} \right)^2} \right]$$

$$(5\text{-}50)$$

对于尺寸为 $D100\text{mm} \times d50\text{mm}$ 的空心试样，根据式（5-46）和式（5-48）可以分别得到

$$\alpha = \frac{1}{2} \tan^{-1} \frac{51.43 M_T}{W} \tag{5-51}$$

$$p = 56.59W + p_1 \tag{5-52}$$

式（5-49）和式（5-50）进一步可以简化为

$$x = \frac{\sqrt{2}}{2} \left[84.88W - \sqrt{(84.88W)^2 + (4365.39 M_T)^2} \right] \tag{5-53}$$

$$y = \frac{\sqrt{6}}{6} \left[84.88W + 3\sqrt{(84.88W)^2 + (4365.39 M_T)^2} \right] \tag{5-54}$$

若保持 α 不变，则 M_T 可以表示为 W 的 λ 倍，即

$$M_T = \lambda W \tag{5-55}$$

在 π 平面上研究原状土的屈服行为，可采用如下加载方案：①将取出的土样加工为空心圆柱试样，装样；②进行 K_0 固结至原始应力状态，即在图 5-17（a）中从 O 点等比例加载至 O_{i1} 点，固结过程中保持内外室压力相等；③根据 σ_1 与轴向方向的夹角 α 和式（5-51）计算 λ；④根据式（5-51），计算不同应力路径方向对应的 M_T 和 W；⑤根据式（5-52）计算内室和外室压力 p_1；⑥根据得到的参数进行相应试验，并测试每个试验步骤的应变。

某原状黏土的初始应力为（100kPa，60kPa，60kPa），则该应力状态对应的 π 平面方程为

$$(\sigma_1 - 100) + (\sigma_2 - 60) + (\sigma_3 - 60) = 0 \tag{5-56a}$$

$$\sigma_1 + \sigma_2 + \sigma_3 = 220 \tag{5-56b}$$

根据式（5-52）得到 $56.59W + p_1 = 220/3$。若角 $\alpha = 10°$，即主应力方向与竖直方向的夹角等于 $10°$ 时，则 $\lambda = 0.007$。因此

$$x = -3.77W \tag{5-57}$$
$$y = 145.14W \tag{5-58}$$

所以，在 π 平面上，加载路径的斜率为

$$y' = -145.14/3.77 = -38.5 \tag{5-59}$$

类似的，可以得到不同 α 对应的 π 平面上的应力路径斜率，结果见表 5-5 所列。

与主应力方向角对应的等 p 试验应力路径　　　　表 5-5

$\alpha(°)$	k	$x(W)$	$y(W)$	$\theta(°)$
−45	388.7	−1.20e6	2.e6	119.99
−40	−0.110	−405.81	564.16	114.27
−35	−0.053	−235.56	269.33	108.83
−30	−0.034	−180.09	173.27	103.89
−25	−0.023	−153.42	127.08	99.64
−20	−0.016	−138.39	101.06	96.14
−15	−0.011	−129.34	85.39	93.43
−10	−0.007	−123.91	75.98	91.52
−5	−0.003	−120.98	70.91	90.37
0	0	—	—	90.00
5	0.003	−0.93	140.21	89.62
10	0.007	−3.85	145.28	88.48
15	0.011	−9.29	154.69	86.56
20	0.016	−18.33	170.36	83.86
25	0.023	−33.36	196.39	80.36
30	0.034	−60.04	242.58	76.10
35	0.053	−115.50	338.63	71.17
40	0.110	−285.75	633.47	65.72
45	−388.7	−1.20e6	2.07e6	60.00

进一步，可以得到该加载方案的中主应力系数 b 和应力罗德角 θ_σ，即

$$b = \frac{\sigma_2 - \sigma_3}{\sigma_1 - \sigma_3} = \frac{\sqrt{(84.88)^2 + (4365.39\lambda)^2} - 84.88}{2\sqrt{(84.88)^2 + (4365.39\lambda)^2}} \quad (5\text{-}60)$$

$$\tan\theta_\sigma = \frac{y}{x}$$

$$\tan\theta_\sigma = \frac{y}{x} = \sqrt{3}\,\frac{\sqrt{(84.88W)^2 + (4365.39M_T)^2} - 84.88W}{3\sqrt{(84.88W)^2 + (4365.39M_T)^2} + 84.88W}$$

$$(5\text{-}61)$$

　　在研究空心扭剪试验加载特点和原状土初始应力状态的基础上，给出了适用于研究原状土结构性和各向异性的试验方案。该试验方案包括取样、应力释放后沿 K_0 固结线的应力恢复、π 平面上的等 p 试验等环节。为了得到 π 平面上六分之一角度范围内的屈服曲线（该范围对应于大主应力方向角 $-45°\sim45°$），给出了针对不同主应力方向角平行试样的试验策略。

第6章 原状土的屈服模型

经典弹塑性力学中的屈服是针对理想材料比如金属建立起来的。针对岩土材料的变形特点，现代弹塑性理论给出了针对重塑土的弹塑性方法。原状土由于处于三向不等压状态，故理论上讲其屈服曲面不能再以等倾线为轴线而应以初始应力线为轴线。

6.1 各向同性材料的屈服准则

在三维应力状态下，屈服准则的数学表达式是一个包含 6 个应力变量的函数，即

$$f(\sigma_x, \sigma_y, \sigma_z, \tau_{xy}, \tau_{yz}, \tau_{zx}, k) = 0 \qquad (6\text{-}1)$$

式中，f 为屈服函数，k 为反映材料塑性特征的一系列常数。将 6 个应力分量代入屈服函数，如果得到 $f=0$，则表示该点处于屈服状态；如果 $f<0$，则表示该点处于弹性状态。对于各向同性材料，受力体的变形和屈服与应力状态的方向无关，所以屈服函数可采用主应力、应力不变量等力学指标，即

$$f(\sigma_1, \sigma_2, \sigma_3) = 0 \qquad (6\text{-}2a)$$

$$f(I_1, J_2, J_3) = 0 \qquad (6\text{-}2b)$$

$$f(p, q, \theta_\sigma) = 0 \qquad (6\text{-}2c)$$

对于理想弹塑性材料，当应力条件使材料进入屈服状态时，就认为破坏了。即屈服准则和破坏条件是相同的，也就是说屈服面与破坏面是重合的。

6.1.1 Tresca 屈服准则

根据金属试验现象，Tresca 认为当最大剪应力 τ_{max} 达到一定数值时材料开始进入塑性状态。在材料力学中该屈服准则被称为第三强度理论，即

$$\tau_{\max}=\frac{k}{2} \tag{6-3a}$$

式中，k 为试验常数。如规定 $\sigma_1>\sigma_2>\sigma_3$，Tresca 准则可表示为

$$\tau_{\max}=\frac{\sigma_1-\sigma_3}{2}=\frac{k}{2} \tag{6-3b}$$

若不知道 σ_1、σ_2、σ_3 的大小顺序，则上式可表示为

$$\max(|\sigma_1-\sigma_2|,\ |\sigma_2-\sigma_3|,\ |\sigma_3-\sigma_1|)=k \tag{6-3c}$$

还可以进一步整理为

$$[(\sigma_1-\sigma_2)^2-k^2][(\sigma_2-\sigma_3)^2-k^2][(\sigma_3-\sigma_1)^2-k^2]=0$$

$$\tag{6-4}$$

如主应力方向已知，则可用偏应力不变量表示为

$$4J_2^3-37J_3^2-36k^2J_2^2+96k^4J_2-64k^6=0 \tag{6-5}$$

在 π 平面上，建立如图 6-1（a）所示的坐标系，得到

$$x=\frac{\sigma_1-\sigma_3}{\sqrt{6}}=\frac{k}{\sqrt{6}}=常数 \tag{6-6}$$

因此，在 $-30°\leqslant\theta_\sigma\leqslant30°$ 范围内，Tresca 准则是一条平行 y 轴的直线。根据对称性，可以得到一个正六角形，如图 6-1（a）所示，此即 Tresca 在 π 平面上的迹线。在主应力空间中，Tresca 屈服面是垂直于 π 平面的正六面柱体的 6 个柱面，如图 6-1（c）所示。

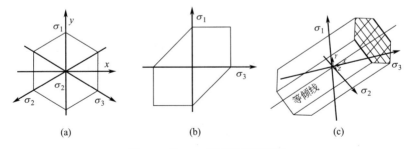

图 6-1　Tresca 准则的几何表示

在平面应力状态下，即 $\sigma_2=0$，式（6-4）退化为

$$\sigma_1-\sigma_3=\pm k,\ \sigma_1=\pm k,\ \sigma_3=\pm k \tag{6-7}$$

在 σ_1/σ_3 应力平面内，式（6-7）对应于 6 条直线，如图 6-1（b）

所示。

6.1.2 Mises 屈服准则

Mises 在研究了金属材料的变形特征之后，提出了另一种屈服准则，即

$$J_2 = k \tag{6-8a}$$

$$(\sigma_1 - \sigma_2)^2 + (\sigma_2 - \sigma_3)^2 + (\sigma_3 - \sigma_1)^2 = 6k \tag{6-8b}$$

其中，k 为与材料有关的试验常数。在材料力学中，Mises 屈服准则被称为第四强度理论。在 π 平面上，Mises 准则是一个圆。在主应力空间中，Mises 准则是一个以等倾线为轴线的圆柱体，如图 6-2 所示。在 $\sigma_2 = 0$ 的平面应力情况下，Mises 准则可表示成

$$\sigma_1^2 - \sigma_1 \sigma_3 + \sigma_3^2 = 3k \tag{6-9}$$

其形状为如图 6-2（b）所示的椭圆。

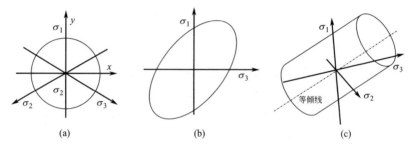

图 6-2　Mises 准则的几何表示

Tresca 准则和 Mises 准则有一个共同点，即只有黏聚强度 c，而没有内摩擦角 φ，故在描述土的强度和破坏时存在不足。

另外，由于

$$\tau_{oct} = \sqrt{\frac{2}{3} J_2} = \frac{\sqrt{2}}{3} q \tag{6-10}$$

因此，Mises 准则也可以表示为 τ_{oct} 和 q 的形式，即

$$\tau_{oct} = 常数 \tag{6-11}$$

$$q = 常数 \tag{6-12}$$

6.1.3 Mohr-Coulomb 屈服准则

Mohr-Coulomb 屈服函数的表达式为

$$\tau = c + \sigma \tan\varphi \tag{6-13}$$

τ 为抗剪强度，σ 为受剪面上的法向应力。可见，土的强度取决于滑动面上的剪应力与法向应力之间的关系，如图 6-3 所示。

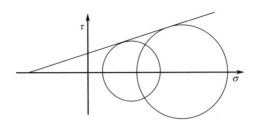

图 6-3　Mohr-Coulomb 屈服准则

根据图 6-3 中的几何关系可以得到

$$\frac{\sigma_1 - \sigma_3}{2} = \frac{\sigma_1 + \sigma_3}{2}\sin\varphi + c\cos\varphi \tag{6-14a}$$

或

$$(\sigma_1 - \sigma_3) = (\sigma_1 + \sigma_3)\sin\varphi + 2c\cos\varphi \tag{6-14b}$$

在主应力空间中，该屈服面可表示为

$$\{(\sigma_1 - \sigma_2)^2 - [2c\cos\varphi + (\sigma_1 + \sigma_2)\sin\varphi]^2\}$$
$$\{(\sigma_2 - \sigma_3)^2 - [2c\cos\varphi + (\sigma_2 + \sigma_3)\sin\varphi]^2\}$$
$$\{(\sigma_3 - \sigma_1)^2 - [2c\cos\varphi + (\sigma_1 + \sigma_3)\sin\varphi]^2\} = 0 \tag{6-15}$$

屈服面在主应力空间中是一个以等倾线为轴线的不规则六角锥体，在 π 平面上为不规则的六边形。如果 σ_2 为 0，即在平面应力情况下，则 Mohr-Coulomb 屈服轨迹为正、负方向不对称的六边形，如图 6-4（b）所示。

由式（5-19）和式（5-20）可得到 Mohr-Coulomb 准则在 π 平面上 $-30°\leqslant\theta_\sigma\leqslant30°$ 范围内的表达式，即

$$\frac{\sqrt{2}}{2}x + \frac{\sqrt{6}}{6}y\sin\varphi + c\cos\varphi - \sigma_m\sin\varphi = 0 \tag{6-16a}$$

或

$$y = -\frac{\sqrt{3}}{\sin\varphi}x - \sqrt{6}\,c\cot\varphi + \sqrt{6}\,\sigma_m \tag{6-16b}$$

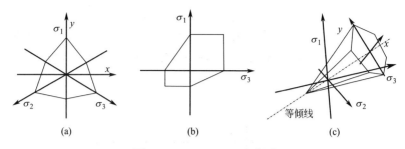

图 6-4 Mohr-Coulomb 准则

6.1.4 Lade 屈服准则

Lade 根据砂的真三轴试验资料，建立了一个在主应力空间中为锥体的屈服准则，即

$$I_1^3 = kI_3 \tag{6-17}$$

其中，k 是硬化参数，随应力水平的变化而变化。在主应力空间中，屈服面为一个锥体，其顶点在等倾线上。在 π 平面上，屈服迹线为曲边三角形，如图 6-5 所示。

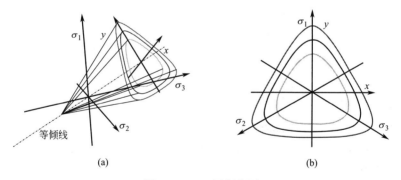

图 6-5 Lade 屈服准则

6.2 火山灰沉积层的真三轴试验

为了模拟自然沉积火山灰-白砂堆积层的力学性质，春山元寿采用撒砂雨法重构了位于（日本）南九州的火山灰沉积层，并对其进行了等 p 真三轴试验[41]。在该试验中

$$\sigma_1 + \sigma_2 + \sigma_3 = 294 \mathrm{kPa} \tag{6-18}$$

试验开始后，按照预定应力路径施加荷载，直至八面体应变 γ_{oct} 达到预定值 0.5%、1%、2%、3%。可见，该加载过程是一个连续屈服过程，如图 6-6 所示。

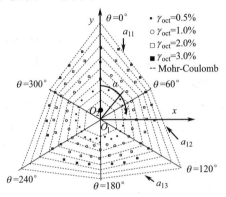

图 6-6 不同应变对应的等 p 真三轴试验屈服点及其 Mohr-Coulomb 屈服迹线

参数 b 的取值分别为 0.000、0.268、0.500、0.732、1.000，对应的应力比 η 如图 6-7 所示。

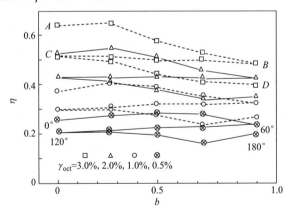

图 6-7 不同剪应变时应力比 η 与 b 的关系

其中，b 和 η 的表达式分别为

$$b = \frac{\sigma_2 - \sigma_3}{\sigma_1 - \sigma_3} \tag{6-19}$$

$$\eta = \frac{\sqrt{(\sigma_1 - \sigma_2)^2 + (\sigma_2 - \sigma_3)^2 + (\sigma_3 - \sigma_1)^2}}{(\sigma_1 + \sigma_2 + \sigma_3)^2} \tag{6-20}$$

据此，可以计算出对应的 σ_1、σ_2、σ_3。另外，砂的 Mohr-Coulomb 屈服准则为

$$\sigma_1 - \sigma_3 = \sin\varphi(\sigma_1 + \sigma_3) \tag{6-21}$$

其中，φ 为与相应八面体应变 γ_{oct} 对应的内摩擦角。由于 Mohr-Coulomb 屈服准则的局限性和土的复杂性，不可能所有的屈服点都位于同一直线上。这里以最外侧试验点为基点计算 φ 值。根据式（5-19）、式（5-20）、式（6-18）和式（6-21）得到

$$y = -1.733 \frac{1 + \sin\varphi}{3 - \sin\varphi}x + 480.196 \frac{\sin\varphi}{3 - \sin\varphi} \tag{6-22}$$

给定屈服迹线上的一点 (x_0, y_0)，可以唯一地确定对应的 φ 值，相应地可以确定出对应的 Mohr-Coulomb 直线。根据同一应变条件下屈服点的分布，可以得出最外侧的 Mohr-Coulomb 直线，结果也示于图 6-6 上。对应 $\alpha = 60°$ 范围内的方程分别为 $y = -1.294x + 148.613$（当 $\gamma_{oct} = 3\%$ 时）、$y = -1.195x + 128.142$（当 $\gamma_{oct} = 2\%$ 时）、$y = -1.027x + 93.149$（当 $\gamma_{oct} = 1\%$ 时）、$y = -0.893x + 65.424$（当 $\gamma_{oct} = 0.5\%$ 时）。$\alpha = 60° \sim 360°$ 范围内的其他 5 段直线方程可以根据对称性得到。根据式（5-25）可以计算出当 $\gamma_{oct} = 3\%$、2%、1% 和 0.5% 时，各屈服点到对应 Mohr-Coulomb 屈服迹线的距离之和 $\sum d$。

应变点到 Mohr-Coulomb 和修正 Mohr-Coulomb 屈服迹线的距离

表 6-1

γ_{oct}	3%	2%	1%	0.5%
$\sum d$	387.542	406.998	397.536	321.724
$\sum d^*$	356.429	378.905	358.859	307.48

同样可以得出，Mohr-Coulomb 屈服准则在模拟各向异性砂的真三轴试验时存在较大的系统误差，因为常规的 Mohr-Coulomb 屈服准则不能反映材料的各向异性。依照式（5-26）的方法将 Mohr-Coulomb 屈服迹线在 π 平面上沿 y 轴正方向平移一段距离 β 即能大

大改进其模拟的准确度。对应的 β 计算结果分别为 20.5、20.5、19.8 和 17.4；而对应的 $\sum d^*$ 表述在表 6-1。可见，改良后的 Mohr-Coulomb 屈服准则能反映岩土材料的结构性、各向异性，并且与试验结果的吻合程度明显优于常规 Mohr-Coulomb 屈服准则。

可见，常规 Mohr-Coulomb 屈服准则在描述结构性土的屈服特性时，存在较大误差。具体表现在，$\theta = 0° \sim 60°$、$\theta = 60° \sim 120°$ 和 $\theta = 120° \sim 180°$ 三个区间内的屈服点难以用同一 Mohr-Coulomb 参数描述。比如，在 $\theta = 0° \sim 60°$ 范围内，由 $\gamma_{oct} = 3.0\%$ 对应的屈服点拟合得到的 Mohr-Coulomb 屈服迹线 a_{11}，关于 $\theta = 60°$ 的对称直线 a_{12} 与 $\theta = 60° \sim 120°$ 范围内的屈服点有相当大的差异。而 a_{12} 关于 $\theta = 120°$ 的对称直线 a_{13} 与 $\theta = 120° \sim 180°$ 范围内的屈服点具有更大的差异性。八面体应变 $\gamma_{oct} = 2.0\%$、$\gamma_{oct} = 1.0\%$ 和 $\gamma_{oct} = 0.5\%$ 时，对应的屈服点与屈服迹线也难以吻合，且差异性也非常明显。可见，基于重塑土的常规 Mohr-Coulomb 屈服准则在描述土的结构性和各向异性时，存在先天的理论缺陷和现实的数值差异。

将图 6-6 所示不同八面体应变对应的广义剪应力表示在雷达图中，可以得到图 6-8。可见，在 $0° \sim 180°$ 范围内，随 α 增大，q 单调

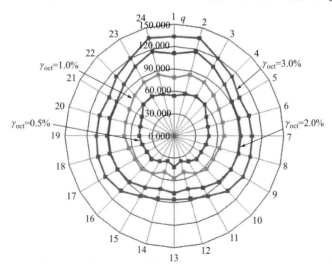

图 6-8 结构性土在不同屈服应变时广义剪应力随加载角的变化

减小，规律性比较明显。实际上，q 在 0°～180°范围内的单调性正好反映了该土的各向异性和结构性。

6.3 系列修正 Mohr-Coulomb 屈服准则

为反映原状土的屈服特点，建立了三种修正 Mohr-Coulomb 屈服准则。结果表明，与建立在重塑土基础上的经典 Mohr-Coulomb 屈服准则相比，3 种修正方法均有较高精度。

6.3.1 平移模式

直线 a_{11}、a_{12}、a_{13} 是图 6-6 给出的基于 Mohr-Coulomb 准则的屈服迹线。可见，直线 a_{11}、a_{12}、a_{13} 在拟合 $\gamma_{\text{oct}} = 3.0\%$ 对应的主应力 σ_1、σ_2、σ_3 时，存在较大误差。若将直线 a_{11}、a_{12}、a_{13} 作为一个整体向 y 轴正方向平移 20.5，则得到的 3 条新直线 b_{11}、b_{12}、b_{13}（图 6-9 中的黑色虚线）在拟合试验数据时，误差是最小的。同样，当 $\gamma_{\text{oct}} = 2.0\%$、$\gamma_{\text{oct}} = 1.0\%$ 和 $\gamma_{\text{oct}} = 0.5\%$ 时，如果将其在 π 平面上的屈服迹线分别沿 y 轴正方向平移 20.5、19.8、17.4，则分别得到 b_{21}、b_{22}、b_{23}；b_{31}、b_{32}、b_{33}；b_{41}、b_{42}、b_{43}。这些直线对相

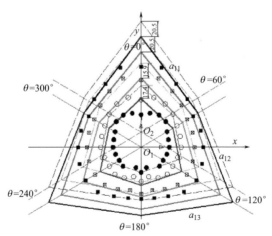

图 6-9 π 平面上的屈服点与常规 Mohr-Coulomb 屈服迹线和平移修正
Mohr-Coulomb 屈服迹线的关系

应屈服点的拟合误差也是最小的。可见，平移后的直线对屈服点的拟合效果显著提高。

产生这种现象的原因在于，重塑土的初始应力是三向均等的，故在 π 平面上的初始位置为 O_1 点（0，0）。而结构性原状土的初始应力状态是（σ_{10}，$K_0\sigma_{10}$，$K_0\sigma_{10}$），在 π 平面上的初始位置为 O_2 点（0，c）。即初始应力位置不在坐标原点，而在 y 轴正方向的某个位置。相应地，结构性土所有屈服应力在 π 平面上的位置整体上沿 y 轴正方向平移一段距离 c，即式（5-22）。另外，等倾线的方程为

$$\sigma_1 = \sigma_2 = \sigma_3 \tag{6-23}$$

由 OB 的方向向量得到初始应力线的方程为

$$\frac{\sigma_1}{1} = \frac{\sigma_2}{K_0} = \frac{\sigma_3}{K_0} \tag{6-24}$$

因此，在 π 平面内，将常规 Mohr-Coulomb 屈服迹线沿 y 轴方向平移一段距离 c，就能更好地拟合试验数据，得到的修正 Mohr-Coulomb 屈服迹线能反映原状土的结构性和各向异性，结果如图 6-10 所示。

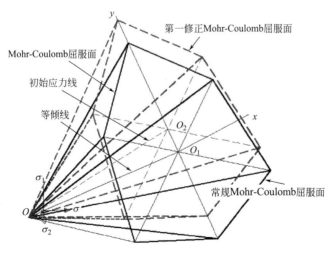

图 6-10　屈服迹线由常规 Mohr-Coulomb 屈服迹线在 π 平面上平移得到

可见，通过这种方式得到的屈服迹线与以最大初始主应力方向作为最大主应力方向的三轴试验屈服迹线具有同样的大小。相应的，修正 Mohr-Coulomb 屈服曲面是一个倾斜的不规则六棱锥面，这里称之为平移 Mohr-Coulomb 屈服曲面。由于修正后的屈服迹线与常规的屈服迹线具有相同的形状和大小，因而两个屈服曲面组成的锥体具有相同的体积。

6.3.2 缩移模式

对于 $\gamma_{oct}=3.0\%$ 条件下的真三轴试验结果（图 6-6），考虑到试样的初始应力状态对应于 π 平面上的点 O_2（0，20.5）。经过 O_2 点的两条红色虚线和 y 轴，可以将 π 平面重新划分为 6 个区域。对 $\theta=0°\sim60°$ 范围内的真三轴屈服点进行 Mohr-Coulomb 准则拟合，得到的直线命名为 c_{11}。以经过 O_2 点的 $\theta=60°$ 直线为对称轴镜像，可以得到 c_{11} 的对称直线 c_{12}；进一步，以经过 O_2 点的 $\theta=120°$ 直线为对称轴镜像，可以得到 c_{12} 的对称直线 c_{13}。结果表明，得到的 c_{11}、c_{12}、c_{13} 3 条屈服迹线（同色虚线）与试验屈服点吻合得非常好，结果如图 6-11 所示。

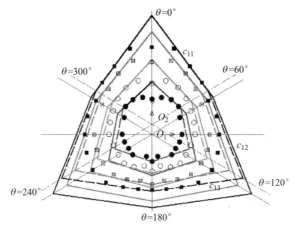

图 6-11 π 平面上的屈服点与常规 Mohr-Coulomb 屈服迹线和缩移修正
Mohr-Coulomb 屈服迹线的关系（彩图见文末）

同样，$\gamma_{oct}=2.0\%$、$\gamma_{oct}=1.0\%$ 和 $\gamma_{oct}=0.5\%$ 对应的屈服点，如果采用上述方法进行拟合，也可以得到相似直线，这里分别表示

为 c_{21}、c_{22}、c_{23}、c_{31}、c_{32}、c_{33} 和 c_{41}、c_{42}、c_{43}。可见，缩移修正方法的拟合效果明显好于平移修正方法。通过这种方法建立的屈服曲面称为缩移修正 Mohr-Coulomb 屈服曲面，在主应力空间中的形状如图 6-12 中的虚线所示。

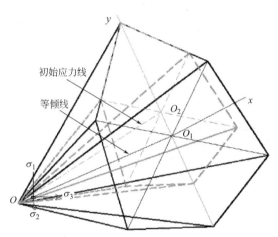

图 6-12　屈服迹线由常规 Mohr-Coulomb 屈服迹线在 π 平面上缩移得到
（彩图见文末）

6.3.3　旋转模式

通过上述平移方法和缩移方法建立起来的屈服曲面组成的锥体是倾斜的。即其屈服迹线仍然在 π 平面上，初始应力线并不垂直于不规则六边形屈服迹线组成的平面。在研究原状土的结构性时，传统真三轴试验采用的加载方式往往是在 π 平面上进行的，即所谓等 p 加载。显然，原状土的固结过程并不是沿着基于重塑土的等倾线进行，而是沿着初始应力线发展的。因此，等 p 加载的试验方式并不适用于原状土。与实际相符的加载路径应该是从 O 点出发，沿初始应力线进行 K_0 固结，而后再进行与初始应力线 OO_3O_4 垂直的 χ 平面上的加载过程，如图 6-13 所示。

以初始应力线为轴线，以 Mohr-Coulomb 条件为屈服准则，就可以得到能反映原状土结构性和各向异性的旋转修正 Mohr-Coulomb 屈服准则。K_0 应力面轴 n-n 的方程为

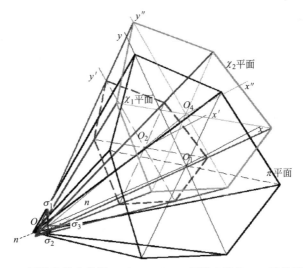

图 6-13 屈服迹线由常规 Mohr-Coulomb 屈服迹线绕 n-n 轴旋转得到

（彩图见文末）

$$\frac{\sigma_1}{0} = \frac{\sigma_2}{1} = \frac{\sigma_3}{1} \tag{6-25}$$

限于试验手段，当前的真三轴试验均是在 π 平面上进行的。若一点的初始应力状态为 O_4（σ_{10}，$K_0\sigma_{10}$，$K_0\sigma_{10}$），则对应的 π 平面有 3 个可以选择，即

$$\sigma_1 + \sigma_2 + \sigma_3 = 3\sigma_{10} \tag{6-26}$$

$$\sigma_1 + \sigma_2 + \sigma_3 = 3K_0\sigma_{10} \tag{6-27}$$

$$\sigma_1 + \sigma_2 + \sigma_3 = \sigma_{10} + K_0\sigma_{10} + K_0\sigma_{10} \tag{6-28}$$

在 O_4（σ_{10}，$K_0\sigma_{10}$，$K_0\sigma_{10}$）点，与初始应力线垂直的平面方程 χ_1 为

$$(\sigma_1 - \sigma_{10}) + K_0(\sigma_2 - \sigma_{20}) + K_0(\sigma_3 - \sigma_{30}) = 0 \tag{6-29a}$$

或

$$(\sigma_1 - \sigma_{10}) + K_0(\sigma_2 - K_0\sigma_{10}) + K_0(\sigma_3 - K_0\sigma_{10}) = 0$$

$$\tag{6-29b}$$

即

$$\sigma_1 + K_0\sigma_2 + K_0\sigma_3 = (1 + 2K_0^2)\sigma_{10} \tag{6-29c}$$

若将等 p 试验的屈服点表示为（σ_{1*}，σ_{2*}，σ_{3*}），则其在 χ 平

面上的投影为

$$\sigma_1 = \sigma_{1^*} - k \tag{6-30a}$$

$$\sigma_2 = \sigma_{2^*} - K_0 k \tag{6-30b}$$

$$\sigma_3 = \sigma_{3^*} - K_0 k \tag{6-30c}$$

其中

$$k = \frac{\sigma_{1^*} + K_0 \sigma_{2^*} + K_0 \sigma_{3^*} - (1 + 2K_0^2)\sigma_{10}}{1 + 2K_0^2} \tag{6-31}$$

在 $-30° \leqslant \theta_\sigma \leqslant 30°$ 范围内，Mohr-Coulomb 准则在 π 平面上的方程为

$$\frac{\sqrt{6}\sin\varphi}{6}y + \frac{\sqrt{2}}{2}x + c\cos\varphi - \sigma_m\sin\varphi = 0 \tag{6-32}$$

该段直线在 χ 平面上的投影为

$$\frac{\sqrt{6}\sin\varphi}{6\cos\omega}y + \frac{\sqrt{2}}{2}x + c\cos\varphi - \sigma_m\sin\varphi = 0 \tag{6-33}$$

将式（5-1）代入到式（6-33）可以得到

$$\frac{\sqrt{6}\sin\varphi}{6\cos\left(\arctan\dfrac{\sqrt{2}}{2K_0} - 35.27°\right)}y + \frac{\sqrt{2}}{2}x + c\cos\varphi - \sigma_m\sin\varphi = 0$$

$$\tag{6-34}$$

图 6-6 所示的等 p 加载试验是在式（6-35）的平面上进行的，即

$$\sigma_1 + \sigma_2 + \sigma_3 = 294 \tag{6-35}$$

另外，由图 6-6 得到，对应于 $\gamma_{oct}=3.0\%$、$\gamma_{oct}=2.0\%$、$\gamma_{oct}=1.0\%$ 和 $\gamma_{oct}=0.5\%$ 四个八面体应变，加载是从 (x_0, y_0) 分别等于 $(0, 20.5)$、$(0, 20.5)$、$(0, 19.8)$、$(0, 17.4)$ 开始的；对应的应力状态 $(\sigma_1, \sigma_2, \sigma_3)$ 约为 $(116.01, 90.90, 90.90)$，则其 K_0 为 0.78。因此，可以进一步得出图 6-6 中 π 平面上的屈服点在 χ 平面上的位置，结果如图 6-14 所示。

将 $\gamma_{oct}=3.0\%$、$\gamma_{oct}=2.0\%$、$\gamma_{oct}=1.0\%$ 和 $\gamma_{oct}=0.5\%$ 对应的屈服应力在 χ 平面上的映射点进行 Mohr-Coulomb 拟合，可以得到图 6-14 所示的诸条直线 d_{11}、d_{12}、d_{13}，d_{21}、d_{22}、d_{23}，d_{31}、d_{32}、d_{33} 和 d_{41}、d_{42}、d_{43}。为了评价各屈服准则的效果，分别计算了屈

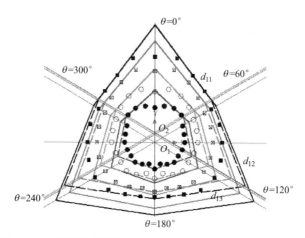

图 6-14　π 平面上的屈服点在 χ 平面上的映射及其与旋转修正
Mohr-Coulomb 屈服迹线的关系（彩图见文末）

服点到相应屈服准则拟合直线的距离之和，结果见表 6-2 所列。

可见，缩移和旋转修正 Mohr-Coulomb 屈服准则在拟合原状土的屈服特性时具有较高效果，且整体上讲旋转修正 Mohr-Coulomb 屈服准则拟合的精度较高。再加上旋转修正 Mohr-Coulomb 屈服准则以初始应力线为轴线，且初始应力线垂直于屈服迹线，因此旋转修正 Mohr-Coulomb 屈服准则在理论上更为完善。

屈服点到各屈服准则的距离之和（$\theta = 0° \sim 180°$）　　表 6-2

屈服准则	$\gamma_{oct} = 3.0\%$	$\gamma_{oct} = 2.0\%$	$\gamma_{oct} = 1.0\%$	$\gamma_{oct} = 0.5\%$
Mohr-Coulomb	193.47	203.40	190.03	161.02
平移修正	173.37	183.27	165.39	134.68
缩移修正	79.02	86.84	84.64	57.99
旋转修正	80.85	87.26	74.64	57.27

6.4　原状土的修正 SMP 屈服准则

本部分给出了一个适用于原状土的修正 SMP 屈服准则，该模型能反映原状土的结构性和各向异性，且相关参数具有明确的物理意义。

6.4.1　空间滑动面

SMP 屈服准则认为，当剪应力与正应力的比值达到某一数值时材料破坏，即

$$\frac{\tau_{\mathrm{SMP}}}{\sigma_{\mathrm{SMP}}}=\lambda \tag{6-36}$$

式中，τ_{SMP}、σ_{SMP}、λ 分别为空间滑动面上的剪应力、空间滑动面上的正应力和材料常数。以主应力表示的空间滑动面为

$$\frac{1}{3}\sqrt{\left(\frac{\sigma_1-\sigma_2}{\sqrt{\sigma_1\sigma_2}}\right)^2+\left(\frac{\sigma_2-\sigma_3}{\sqrt{\sigma_2\sigma_3}}\right)^2+\left(\frac{\sigma_3-\sigma_1}{\sqrt{\sigma_3\sigma_1}}\right)^2}=\lambda \tag{6-37}$$

SMP 屈服准则的空间滑动面如图 6-15 和图 6-16 所示，其中 $\varphi_{\mathrm{mo}ij}$ 表示二维内摩擦角，且有

$$\tan\varphi_{\mathrm{mo}ij}=\frac{\sigma_i-\sigma_j}{2\sqrt{\sigma_i\sigma_j}} \tag{6-38}$$

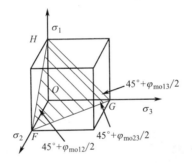

图 6-15　SMP 屈服准则的空间滑动面

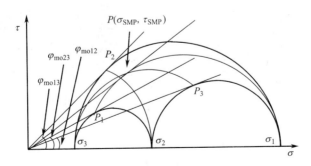

图 6-16　三个滑动面及空间滑动面上的剪应力和主应力

因此，以二维摩擦角表达的空间滑动面为

$$\frac{2}{3}\sqrt{\tan^2\varphi_{\mathrm{mo12}}+\tan^2\varphi_{\mathrm{mo23}}+\tan^2\varphi_{\mathrm{mo31}}}=\lambda \qquad (6\text{-}39)$$

式（6-37）也可以写为

$$\frac{I_1I_2}{I_3}=\lambda \qquad (6\text{-}40)$$

式中，I_1、I_2、I_3 分别为应力张量第一不变量、第二不变量和第三不变量。式（6-40）的展开形式为

$$\frac{(\sigma_1+\sigma_2+\sigma_3)(\sigma_1\sigma_2+\sigma_2\sigma_3+\sigma_3\sigma_1)}{\sigma_1\sigma_2\sigma_3}=\lambda \qquad (6\text{-}41)$$

根据图 5-5，适用于原状土的修正 SMP 屈服准则为

$$\frac{\left(\sigma_1\cos\omega+\dfrac{\sigma_2}{\cos\omega}+\dfrac{\sigma_3}{\cos\omega}\right)\left(\sigma_1\sigma_2+\dfrac{\sigma_2\sigma_3}{\cos^2\omega}+\sigma_3\sigma_1\right)}{\dfrac{\sigma_1\sigma_2\sigma_3}{\cos\omega}}=\lambda' \qquad (6\text{-}42)$$

当 $\lambda=12$、$K_0=0.4$ 时，式（6-41）和式（6-42）在主应力空间中的曲面如图 6-17 所示。其中，曲面 1（蓝色曲面）对应于式（6-41），适用于重塑土；曲面 2 对应于式（6-42），适用于原状土。

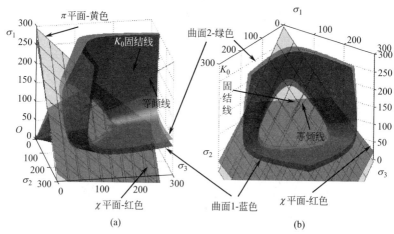

图 6-17　SMP 屈服曲面与修正 SMP 屈服曲面（彩图见文末）

(a) 侧视图；(b) 正视图

6.4.2 模型验证

在研究重塑土的力学行为时，常常通过研究 π 平面上的屈服迹线和经过等倾线的子午面上的屈服迹线来揭示材料的弹塑性行为。原状土的屈服曲面由重塑土的屈服曲面旋转而来，因此，研究原状土的力学行为，可以通过研究 χ 平面上的屈服迹线和通过 K_0 固结线子午面上的屈服迹线进行。由于原状土的初始应力状态为式（5-3），类似于重塑土的等 p 真三轴试验，原状土 χ 平面上的真三轴试验的加载条件为

$$\sigma_1 + K_0\sigma_2 + K_0\sigma_3 = c' \qquad (6\text{-}43)$$

其中，c' 为常数。由于 χ 平面垂直于 K_0 固结线，所以 χ 平面上的真三轴试验与 π 平面上的真三轴试验相比，更能揭示原状土的结构性和各向异性。以式（5-23）和式（6-43）为约束条件的两种真三轴试验，其应力状态是可以相互转化的。方法是将 π 平面上的应力点投影到 χ 平面上。若 π 平面上的屈服应力为 $(\sigma_\alpha,\ \sigma_\beta,\ \sigma_\gamma)$，则其在 χ 平面上的投影为

$$\sigma'_\alpha = \sigma_\alpha - \rho \qquad (6\text{-}44)$$

$$\sigma'_\beta = \sigma_\beta - K_0\rho \qquad (6\text{-}45)$$

$$\sigma'_\gamma = \sigma_\gamma - K_0\rho \qquad (6\text{-}46)$$

其中

$$\rho = \frac{\sigma_\alpha + K_0\sigma_\beta + K_0\sigma_\gamma - c'}{1 + 2K_0^2} \qquad (6\text{-}47)$$

鉴于目前文献载有的真三轴试验都是在 π 平面上完成的，下文关于原状土的试验验证仍然在 π 平面上完成。图 6-18 是 SMP 屈服准则和本书提出的修正 SMP 屈服准则对图 6-6 试验数据的拟合。其中，蓝色曲面是 SMP 屈服曲面；绿色曲面是本书给出的修正 SMP 屈服曲面。对应的 λ 分别为 15、13、10.8、10；对应的 λ' 分别为 14、12、10.5、9.9。可见，与蓝色曲面相比，绿色曲面更接近于试验点，且绿色曲面较蓝色曲面小一些（$\lambda' < \lambda$）。所以，与常规 SMP 屈服准则相比，修正 SMP 屈服准则更适合描述原状土的屈服行为。

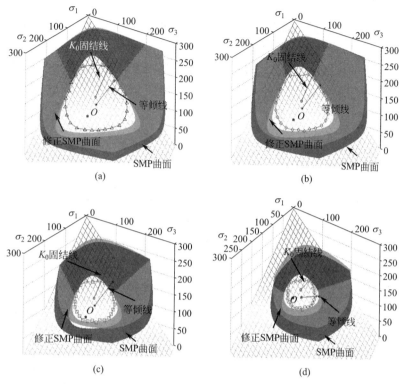

图 6-18 SMP 屈服准则与修正 SMP 屈服准则对砂雨法
试样真三轴试验的拟合对比（彩图见文末）

(a) $\gamma_{\text{oct}} = 3.0\%$；(b) $\gamma_{\text{oct}} = 2.0\%$；(c) $\gamma_{\text{oct}} = 1.0\%$；(d) $\gamma_{\text{oct}} = 0.5\%$

6.5　原状土的剑桥模型

剑桥模型和修正剑桥模型是建立较早、较完善、目前应用最广的适用于正常固结和轻微超固结黏土的弹塑性模型之一[42]。该模型的优点是参数少且均可以通过常规室内试验获得；临界状态线、状态边界面、弹性墙等重要概念都有明确的几何意义和物理意义；屈服面连续光滑，且方程形式简单，便于进行数值计算；符合热力学基本原理，对应的耗散势函数形式简单且意义明确[43]。

剑桥模型和修正剑桥模型也存在不足之处，模型所依据的试验基础是重塑土的等向固结三轴试验，即没有考虑原状土 K_0 固结引起的结构性和各向异性[44]。由于源于各向同性假设，模型认为三轴压缩剪切和三轴拉伸剪切引起的屈服和变形相同，无法反映结构性和旋转硬化对应力—应变关系的影响，从而引起计算结果与室内试验和工程测试相差较大。子弹头屈服面或椭球形屈服面以各向等压重塑土三轴试验为基础，并关于 p 轴对称。随着对原状土结构性和各向异性认识的不断深入和原状土试验的技术进步，采用与重塑土屈服面既有区别又具继承性的屈服面来模拟原状土的屈服和破坏，逐渐成为研究的重点和发展方向[45,46]。

6.5.1 剑桥模型和修正剑桥模型

正常固结或弱超固结黏土的排水和不排水三轴试验具有共同的临界状态，在 pqv 坐标系中的应力路径如图 6-19 所示。

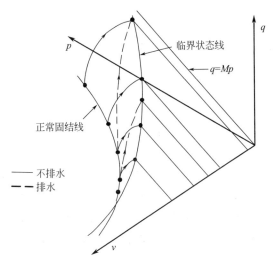

图 6-19 pqv 坐标系中的临界状态线

剑桥模型和修正剑桥模型均为硬化型弹塑性模型。Roscoe 和 Schofield 提出的原始剑桥模型屈服面为子弹头形，其屈服面方程 f 为

$$f = M\ln p + \frac{q}{p} - M\ln p_{\mathrm{e}} = 0 \qquad (6\text{-}48)$$

式中，p_{e} 为屈服面与 p 轴交点的横坐标，即等压固结达到给定孔隙比时的围压；M 为 pq 平面上临界状态线的斜率；p 为有效平均主应力。对应于 p_{e1} 和 p_{e2}，剑桥模型在 pq 坐标系中的屈服曲线如图 6-20 中的曲线 l_1、l_2。

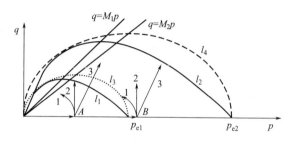

图 6-20 剑桥模型和修正剑桥模型屈服面

应力路径 1、2、3 对应于等压固结至平均应力 A 点（或 B 点）后，不排水轴向增压三轴试验、排水等 p 三轴压缩试验、排水轴向增压三轴压缩试验 3 种加载方式的应力路径。

为避免在 p_{e} 处出现尖点，Roscoe 和 Burland 给出了屈服面为椭圆形的修正剑桥模型，其方程 g 为

$$g = q^2 + M^2 p^2 - M^2 p_{\mathrm{e}} p = 0 \qquad (6\text{-}49)$$

对应于 p_{e1}、p_{e2}，修正剑桥模型在 pq 坐标系中的屈服曲线如图 6-20 中的曲线 l_3、l_4。在主应力空间中，剑桥模型的屈服曲面如图 6-21（a）所示。对于不同的固结应力，屈服曲面与 p 轴的交点是不一样的。在图 6-21（a）中，3 个屈服曲面与 p 轴的交点分别为 p_{e1}、p_{e2}、p_{e3}，3 个屈服面分别表示体应变与等压应力状态 p_{e1}、p_{e2}、p_{e3} 对应的应力状态。

对于修正剑桥模型，不同的固结应力也对应于不同的屈服曲面，与 p 轴的交点也是不一样的。图 6-21（b）中 3 个屈服曲面与 p 轴的交点分别为 p_{e1}、p_{e2}、p_{e3}。值得强调的是，剑桥模型和修正剑桥模型中的屈服曲面是同一体应变对应的应力状态，而不是强度破坏点对应的应力状态。所以，同处于破坏状态但体应变不同的应

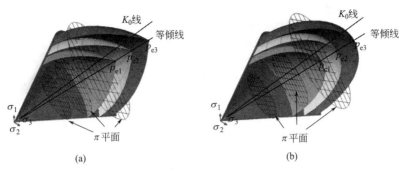

图 6-21　适用于重塑土的常规统一状态边界面

（a）剑桥模型；（b）修正剑桥模型

力状态不能用同一屈服面进行模拟。显然，把剪胀破坏点与剪缩破坏点的应力状态在图 6-20 中以一条曲线拟合的做法是错误的。

6.5.2　原状土的状态边界面

若要客观评价原状土的力学性质，对应的三轴试验应该首先将土样的应力状态恢复至原始场地的应力状态，即原始某一 K_0 应力状态。在此基础上，再进行相应的加卸载试验以模拟原始场地的工作状态，才能真实刻画工程场地的受力状态和屈服破坏特性。

原状土适宜的三轴试验应该沿着 K_0 线固结而不是沿着 p 轴固结，如图 6-22 所示。K_0 固结恢复至先前的应力状态后，再根据需要进行不同应力路径的三轴试验。由于初始应力状态和加载路径的不同，原状土的屈服曲面必然与等压固结重塑土的屈服曲面有较大差异。

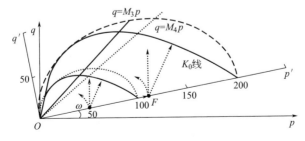

图 6-22　原状土的剑桥模型和修正剑桥模型屈服面

113

由于原状土的固结是沿着 K_0 线进行的，其屈服曲面必然以 K_0 线为轴线，而不会像重塑土的屈服曲面那样以 p 轴为轴线。根据 K_0 线与 p 轴线的关系，原状土的剑桥模型和修正剑桥模型屈服面可以由重塑土的屈服面旋转得到。设原状土在 $p'q'$ 坐标系里的屈服曲面与重塑土在 pq 坐标系里的屈服曲面具有相同的形式，即

$$\left.\begin{array}{l} f' = M\ln p' + \dfrac{q'}{p'} - M\ln p_\chi = 0 \\[2mm] g' = q'^2 + M^2 p'^2 - M^2 p_\chi p' = 0 \end{array}\right\} \qquad (6\text{-}50)$$

式中，f'、g' 分别为改进的适用于原状土的剑桥模型和修正剑桥模型。根据坐标变换公式

$$\left.\begin{array}{l} p' = p\cos\omega + q\sin\omega \\ q' = -p\sin\omega + q\cos\omega \end{array}\right\} \qquad (6\text{-}51)$$

可以得到

$$\left.\begin{array}{l} f' = M\ln(p\cos\omega + q\sin\omega) + \dfrac{(-p\sin\omega) + q\cos\omega}{p\cos\omega + q\sin\omega} - M\ln p_\chi = 0 \\[3mm] g' = (-p\sin\omega + q\cos\omega)^2 + M^2(p\cos\omega + q\sin\omega)^2 - M^2 p_\chi(p\cos\omega + q\sin\omega) = 0 \end{array}\right\}$$

$$(6\text{-}52)$$

式中，P_χ 为屈服面与 K_0 线的交点。式（6-52）在主应力空间中的图像是以 K_0 线为轴线的旋转曲面，如图 6-23 所示。

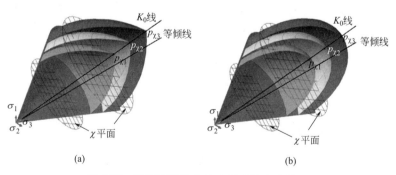

图 6-23　适用于原状土的改进型状态边界面

（a）剑桥模型；（b）修正剑桥模型

常规以等倾线为轴线的剑桥模型和修正剑桥模型，在 π 平面上的迹线都是以等倾线为圆心的同心圆，如图 6-24 所示。

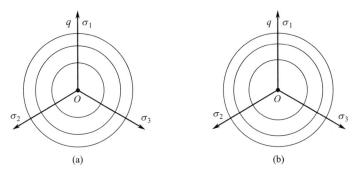

图 6-24　常规模型在某 π 平面上的屈服迹线

(a) 剑桥模型；(b) 修正剑桥模型

改进的模型，即式（6-52），在 χ 平面上的迹线是以 K_0 线为圆心的同心圆。而在 π 平面上的迹线则是一条类似于椭圆的封闭曲线，其长轴方向为 q 轴方向，中心 O' 在 q 正方向上且与 K_0 固结应力状态相对应，如图 6-25 所示。

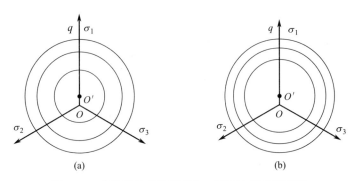

图 6-25　改进型状态边界面在 π 平面上的屈服迹线

(a) 剑桥模型；(b) 修正剑桥模型

6.5.3　模型验证

为了验证以上基于 K_0 线的原状土剑桥模型和修正剑桥模型的适应性和合理性，对 Winnipeg 原状黏土三轴试验成果进行了拟合比对，结果见表 6-3。表中，ΣS 为数据点到曲线的距离之和；ΣS^2 为数据点到曲线距离的平方和。可见本书所用方法的系统误差要小一些，误差的离散性也小于文献［47］方法。

两种方法的对比 表 6-3

方法	ΣS	ΣS^2	样本方差
文献[47]	6.549	3.8909	0.0919
本书	6.321	3.0539	0.0556

在图 6-26 中，σ_{vc} 分别对应于 191kPa、241kPa、310kPa、380kPa。另外，可进一步得到在 pq 坐标系里的屈服曲面，如图 6-27 所示。从图 6-27 可以看出，与试验点吻合更好的不是以 K_0 线为轴线、以原点为端点的椭圆，而是以 ηK_0 线为轴线、以原点为端点的椭圆。关于产生这种现象的原因，可以作如下解释。

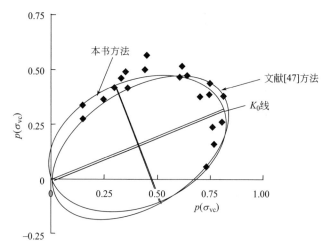

图 6-26　文献［47］方法和本书改进方法给出的屈服面

土样从场地取出后，存在不可避免的应力释放。且原自重应力由于其绝对值较两个侧向应力大得多，相应的回弹变形也大一些。在固结过程中，采用的虽然是 K_0 固结方法，但 K_0 值的确定目前还存在缺陷。加上实验室固结时间一般为几天甚至只有几个小时，

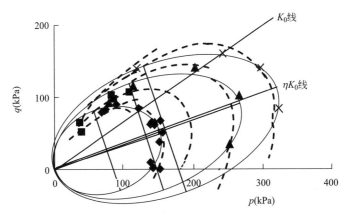

图 6-27 本方法对 Winnipeg 土屈服面的拟合

而场地的自然固结过程一般是数年、数十年甚至数百年。所以，不管采用何种试验手段，都难以获得与现场完全一致的土样。最佳拟合椭圆以 ηK_0 为轴线而不是以 K_0 为轴线，说明该土样的结构性和各向异性与原始场地土相比有所降低。

针对温州黏土，沈凯伦等[48] 在 GDS 上完成了 K_0 固结至初始应力后 11 条不同应力路径的排水三轴试验。11 条应力路径从 ($\sigma_1 = 75.4\text{kPa}$、$\sigma_2 = 41.5\text{kPa}$、$\sigma_3 = 41.5\text{kPa}$) 即 ($p = 52.8\text{kPa}$，$q = 33.9\text{kPa}$) 开始，分别沿 90°、72°、60°、33°、15°、0°、−15°、−33°、−56°、−75°前进直至试样屈服，试验结果和文献 [48] 拟合结果如图 6-28 所示。

作者认为，T_3 和 T_4 均是固结不排水试验结果，不宜与固结排水试验结果在同一模型中描述。根据广义剪应力的定义，q 的值域为 (0，$+\infty$)。而试验点 T_1、T_2 均处于 q 小于 0 的区域，在 q 值域之外研究土的屈服行为是否合理也有待进一步讨论。如果将 $T_1 \sim T_4$ 删除，则发现屈服点关于 ηK_0 线是基本对称的，可以用作者给出的模型进行拟合，其结果为图中虚线。可见，与常规修正剑桥模型相比，改进的修正剑桥模型不但具有理想的精度，且物理意义明确。

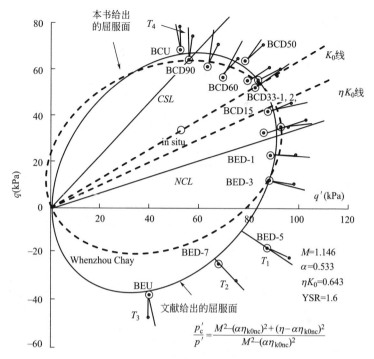

图 6-28 温州软黏土在子午面上的屈服特性和拟合

6.6 原状土的 Mises 屈服准则

不考虑结构性和各向异性的 Von Mises 屈服准则为

$$\sqrt{J_2} - \alpha I_1 - k = 0 \tag{6-53a}$$

$$\frac{1}{\sqrt{6}}\sqrt{(\sigma_1 - \sigma_2)^2 + (\sigma_2 - \sigma_3)^2 + (\sigma_3 - \sigma_1)^2} - \alpha(\sigma_1 + \sigma_2 + \sigma_3) - k = 0$$

$$\tag{6-53b}$$

其中，I_1、J_2 分别为应力张量第一不变量、应力偏张量第二不变量；α、k 为系数。因此，适用于原状土的 Von Mises 屈服准则为

$$\frac{1}{\sqrt{6}}\sqrt{\left(\sigma_1\cos\omega - \frac{\sigma_2}{\cos\omega}\right)^2 + \frac{(\sigma_2 - \sigma_3)^2}{\cos^2\omega} + \left(\frac{\sigma_3}{\cos\omega} - \sigma_1\cos\omega\right)^2}$$

$$-\alpha\left(\sigma_1\cos\omega + \frac{\sigma_2 + \sigma_3}{\cos\omega}\right) - k = 0 \qquad (6\text{-}54)$$

重塑土与原状土 Von Mises 屈服准则的关系如图 6-29 所示。

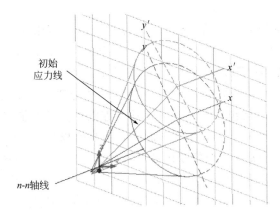

图 6-29　重塑土和原状土的 Von Mises 屈服准则

第7章 弹性地基梁理论及应用

弹性地基梁法包括解析法、有限差分法和有限元法等[49]。解析方法从梁的微分方程出发，利用边界条件和平衡方程得出梁的挠屈曲线，并通过微分关系进一步得到转角、弯矩和剪力。解析方法简单易行，能很快给出结果，但既有的解析方法存在比较明显的缺点[50]。这些不足包括无法考虑自重、难以在基础上施加多种类型荷载、难以考虑梁的特性（截面形状和弹性模量等）沿梁长的变化、难以考虑基床系数的变化等。而一般有限元方法在建立方程时只利用了梁单元的弯矩连续性条件，没有利用剪力连续性条件，所以是一种近似方法，且无法直接得到梁的沉降表达式。

7.1 一般算法

Winkler 地基模型表述为任意一点的压力强度 p 与该点的沉降量 s 成正比，即

$$p = ks \qquad (7-1)$$

其中，k 为基床系数。图 7-1 所示为作用在 Winkler 地基上的弹性无限长梁，该梁宽 b，抗弯刚度为 EI。梁长方向为 x，梁弯曲变形方向为 w。

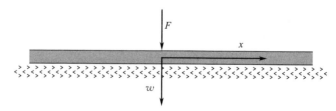

图 7-1 集中力作用下 Winkler 地基上的无限长梁

根据梁和地基的变形协调条件得到

$$s = w \tag{7-2}$$

定义 6 个函数

$$A_x = e^{-\lambda x}(\cos\lambda x + \sin\lambda x) \tag{7-3a}$$

$$B_x = e^{-\lambda x}\sin\lambda x \tag{7-3b}$$

$$C_x = e^{-\lambda x}(\cos\lambda x - \sin\lambda x) \tag{7-3c}$$

$$D_x = e^{-\lambda x}\cos\lambda x \tag{7-3d}$$

$$E_x = \frac{2e^{\lambda x}\,\text{sh}\lambda x}{\text{sh}^2\lambda x - \sin^2\lambda x} \tag{7-3e}$$

$$F_x = \frac{2e^{\lambda x}\sin\lambda x}{\sin^2\lambda x - \text{sh}^2\lambda x} \tag{7-3f}$$

7.1.1　集中力作用下的无限长梁

集中力作用下，作用点正方向的解答为

$$w = \frac{F\lambda}{2kb}A_x \tag{7-4a}$$

$$\theta = -\frac{F\lambda^2}{kb}B_x \tag{7-4b}$$

$$M = \frac{F}{4\lambda}C_x \tag{7-4c}$$

$$V = -\frac{F}{2}D_x \tag{7-4d}$$

这里，θ、M、V 分别为梁上任意截面的转角、弯矩和剪力；$\lambda = \sqrt[4]{\dfrac{kb}{4EI}}$ 为柔度特征值。在集中荷载作用点的负方向，以 x 的绝对值代入式（7-3）和式（7-4），计算结果为 w 和 M 时符号不变，计算 θ 和 V 时取相反符号，便可以得到相应的量。

7.1.2　集中力偶作用下的无限长梁

集中力偶作用下，作用点正方向的解为

$$w = \frac{M_0\lambda^2}{kb}B_x \tag{7-5a}$$

$$\theta = -\frac{M_0\lambda^3}{kb}C_x \tag{7-5b}$$

$$M = \frac{M_0}{2} D_x \tag{7-5c}$$

$$V = -\frac{M_0 \lambda}{2} A_x \tag{7-5d}$$

在集中荷载作用点的负方向，以 x 的绝对值代入式（7-3）和式（7-5），计算结果为 w 和 M 时符号不变，计算 θ 和 V 时取相反符号，便可以得到相应的量。

7.1.3 有限长梁的叠加法

叠加法求解有限 Winkler 地基梁时分为几个步骤。如图 7-2 所示，首先以无限长梁 II 代替实际梁 I，如果能满足梁 II 在 A、B 两截面处的弯矩和剪力全部为 0 的条件，即满足梁 I 两端自由的边界条件，则梁 II 中 AB 段的内力和变形就是梁 I 的内力和变形。在梁 II 的 A、B 截面外侧，各施加边界条件力 F_A、M_A 和 F_B、M_B，则在集中力 F 和 4 个边界条件力作用下，A、B 截面的弯矩和剪力必须为 0，因此可以得到边界条件力分别为

$$F_A = (E_l + F_l D_l) V_{AF} + \lambda (E_l - F_l A_l) M_{AF} -$$
$$(F_l + E_l D_l) V_{BF} + \lambda (F_l - E_l A_l) M_{BF} \tag{7-6a}$$

$$M_A = -(E_l + F_l C_l) \frac{V_{AF}}{2\lambda} - (E_l - F_l D_l) M_{AF} +$$
$$(F_l + E_l C_l) \frac{V_{BF}}{2\lambda} - (F_l - E_l D_l) M_{BF} \tag{7-6b}$$

$$F_B = (F_l + E_l D_l) V_{AF} + \lambda (F_l - E_l A_l) M_{AF} -$$
$$(E_l + F_l D_l) V_{BF} + \lambda (E_l - F_l A_l) M_{BF} \tag{7-6c}$$

$$M_B = (F_l + E_l C_l) \frac{V_{AF}}{2\lambda} + (F_l - E_l D_l) M_{AF} -$$
$$(E_l + F_l C_l) \frac{V_{BF}}{2\lambda} + (E_l - F_l D_l) M_{BF} \tag{7-6d}$$

A_l、B_l、C_l、D_l、E_l、F_l 分别为式（7-3）在 $x = l$ 处的值。M_{AF}、V_{AF} 和 M_{BF}、V_{BF} 分别为集中荷载 F 在梁 II 截面 A 和截面 B 产生的弯矩和剪力，这里定义为虚拟弯矩和虚拟剪力。因此，集中荷载作用下 Winkler 地基梁的计算，等于无限长梁在该集中荷载和 4 个边界条件力共同作用下相应区段的解的叠加。

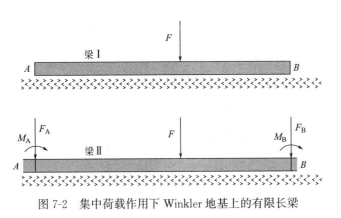

图 7-2 集中荷载作用下 Winkler 地基上的有限长梁

7.2 分布荷载作用下的有限长梁

任意分布荷载作用下 Winkler 地基梁的计算也需要借助于叠加原理。

7.2.1 虚拟边界条件

计算简图如图 7-3 所示。

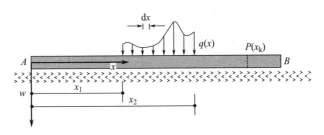

图 7-3 分布荷载作用下 Winkler 地基上有限长梁计算

设梁长为 l，在 $x_1 \sim x_2$ 范围内作用有任意分布荷载 $q(x)$。在分布荷载作用范围内取一微段 $\mathrm{d}x$，则该微段的荷载可以近似为等效集中力 $q(x)\mathrm{d}x$ 荷载，在此等效集中力作用下，虚拟弯矩 $\mathrm{d}M_{Ax}$、$\mathrm{d}M_{Bx}$ 和虚拟剪力 $\mathrm{d}V_{Ax}$、$\mathrm{d}M_{Bx}$ 可以由式（7-4c）和式（7-4d）得到

$$\mathrm{d}M_{\mathrm{Ax}} = \frac{q(x)\mathrm{d}x}{4\lambda}\mathrm{e}^{-\lambda x}(\cos\lambda x - \sin\lambda x) \tag{7-7a}$$

$$\mathrm{d}M_{\mathrm{Bx}} = \frac{q(x)\mathrm{d}x}{4\lambda}\mathrm{e}^{-\lambda(l-x)}\left[\cos\lambda(l-x) - \sin\lambda(l-x)\right] \tag{7-7b}$$

$$\mathrm{d}V_{\mathrm{Ax}} = \frac{q(x)\mathrm{d}x}{2}\mathrm{e}^{-\lambda x}\cos\lambda x \tag{7-7c}$$

$$\mathrm{d}V_{\mathrm{Bx}} = -\frac{q(x)\mathrm{d}x}{2}\mathrm{e}^{-\lambda(l-x)}\cos\lambda(l-x) \tag{7-7d}$$

因此，在分布荷载 $q(x)$ 作用下，有

$$M_{\mathrm{Aq}} = \int_{x_1}^{x_2}\mathrm{d}M_{\mathrm{Ax}} \tag{7-8a}$$

$$M_{\mathrm{Bq}} = \int_{x_1}^{x_2}\mathrm{d}M_{\mathrm{Bx}} \tag{7-8b}$$

$$V_{\mathrm{Aq}} = \int_{x_1}^{x_2}\mathrm{d}V_{\mathrm{Ax}} \tag{7-8c}$$

$$V_{\mathrm{Bq}} = \int_{x_1}^{x_2}\mathrm{d}V_{\mathrm{Bx}} \tag{7-8d}$$

7.2.2 无限长梁的计算

图 7-3 所示微段荷载引起等效无限长梁上任意一点 $P(x_{\mathrm{k}})$ 的位移、转角、弯矩和剪力［点 $P(x_{\mathrm{k}})$ 位于微段左侧］分别为

$$\mathrm{d}w = \frac{q(x)\mathrm{d}x\lambda}{2kb}\mathrm{e}^{-\lambda(x-x_{\mathrm{k}})}\left[\cos\lambda(x-x_{\mathrm{k}}) + \sin\lambda(x-x_{\mathrm{k}})\right]$$

$$\tag{7-9a}$$

$$\mathrm{d}\theta = \frac{q(x)\mathrm{d}x\lambda^2}{kb}\mathrm{e}^{-\lambda(x-x_{\mathrm{k}})}\sin\lambda(x-x_{\mathrm{k}}) \tag{7-9b}$$

$$\mathrm{d}M = \frac{q(x)\mathrm{d}x}{4\lambda}\mathrm{e}^{-\lambda(x-x_{\mathrm{k}})}\left[\cos\lambda(x-x_{\mathrm{k}}) - \sin\lambda(x-x_{\mathrm{k}})\right] \tag{7-9c}$$

$$\mathrm{d}V = \frac{q(x)\mathrm{d}x}{2}\mathrm{e}^{-\lambda(x-x_{\mathrm{k}})}\cos\lambda(x-x_{\mathrm{k}}) \tag{7-9d}$$

当点 $P(x_{\mathrm{k}})$ 位于微段右侧时有

$$\mathrm{d}w = \frac{q(x)\mathrm{d}x\lambda}{2kb}\mathrm{e}^{-\lambda(x_{\mathrm{k}}-x)}\left[\cos\lambda(x_{\mathrm{k}}-x) + \sin\lambda(x_{\mathrm{k}}-x)\right]$$

$$\tag{7-10a}$$

$$\mathrm{d}\theta = -\frac{q(x)\mathrm{d}x\lambda^2}{kb}\mathrm{e}^{-\lambda(x_k-x)}\sin\lambda(x_k-x) \qquad (7\text{-}10\mathrm{b})$$

$$\mathrm{d}M = \frac{q(x)\mathrm{d}x}{4\lambda}\mathrm{e}^{-\lambda(x_k-x)}\left[\cos\lambda(x_k-x) - \sin\lambda(x_k-x)\right]$$

$$(7\text{-}10\mathrm{c})$$

$$\mathrm{d}V = -\frac{q(x)\mathrm{d}x}{2}\mathrm{e}^{-\lambda(x_k-x)}\cos\lambda(x_k-x) \qquad (7\text{-}10\mathrm{d})$$

因此，在分布荷载 $q(x)$ 作用下，对应无限长梁上任意一点 $P(x_k)$ 的位移 w_2、转角 θ_2、弯矩 M_2 和剪力 V_2 可以由式（7-9）和式（7-10）积分得到，即

$$w_2 = \int_{x_1}^{x_2}\mathrm{d}w \qquad (7\text{-}11\mathrm{a})$$

$$\theta_2 = \int_{x_1}^{x_2}\mathrm{d}\theta \qquad (7\text{-}11\mathrm{b})$$

$$M_2 = \int_{x_1}^{x_2}\mathrm{d}M \qquad (7\text{-}11\mathrm{c})$$

$$V_2 = \int_{x_1}^{x_2}\mathrm{d}V \qquad (7\text{-}11\mathrm{d})$$

7.2.3　有限长梁的合成与叠加

将式（7-11）得到的虚拟弯矩和虚拟剪力代入式（7-6），可以得到在分布荷载作用下的 4 个边界条件力。因此，分布荷载作用下 Winkler 地基梁上任意一点 $P(x_k)$ 的位移 w、转角 θ、弯矩 M 和剪力 V 的计算，可以等效为对应无限长梁相应梁段两部分效应的叠加。第一部分是在式（7-7）得到的 4 个边界条件力作用下对应无限长梁的位移 w_1、转角 θ_1、弯矩 M_1 和剪力 V_1；第二部分是在分布荷载作用下对应无限长梁的位移 w_2、转角 θ_2、弯矩 M_2 和剪力 V_2。所以，在任意分布荷载作用下，Winkler 地基梁上各点的位移 w、转角 θ、弯矩 M 和剪力 V 为

$$w = w_1 + w_2 \qquad (7\text{-}12\mathrm{a})$$

$$\theta = \theta_1 + \theta_2 \qquad (7\text{-}12\mathrm{b})$$

$$M = M_1 + M_2 \qquad (7\text{-}12\mathrm{c})$$

$$V = V_1 + V_2 \qquad (7\text{-}12\mathrm{d})$$

由于 $s=w$，所以将式（7-12a）代入到式（7-1），可以得到地

基中任意一点的地基反力。n 个分布荷载共同作用时，可以将各分布荷载作用下的相应作用叠加，即可得到最终结果。也可以根据式（7-7）、式（7-8）和式（7-6），计算出各分布荷载共同作用下总的边界条件力，然后分别计算在总边界条件力和各分布荷载共同作用下的响应，最后将二者叠加。

7.3 复杂条件下有限长梁的能量法

如果梁的刚度沿梁长是变化的，或者基床系数沿梁长是变化的，则称为复杂条件下的 Winkler 地基梁。复杂条件下的 Winkler 地基梁无法用常规有限长梁计算方法得到解答。

7.3.1 基本模型和方程

作用在 Winkler 地基上的梁 AB，各梁段的刚度、基床系数分段不同，且受多个集中力、集中力偶以及局部分布荷载共同作用，当然各类型荷载也可以部分或全部为零。

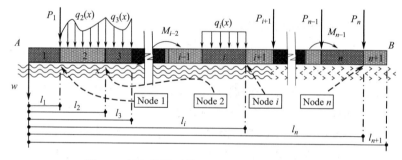

图 7-4 复杂条件下的 Winkler 地基梁计算模型

以集中力和集中力偶在梁上的作用点、分布荷载的起始和终止位置、梁宽改变截面、梁抗弯刚度的变化截面、地基基床系数改变处为节点划分单元。比如，在图 7-4 所示系统中共有 n 个节点，节点将梁分成 $n+1$ 个梁单元。各梁单元的抗弯刚度、梁宽及其对应的地基基床系数分别定义为 EI_i，b_i 和 k_i，具体编号见表 7-1。因此，除了节点之外，各梁单元在自身长度范围内不受集中力和集中力偶作用。

与梁单元对应的相关参量定义　　　　表 7-1

节点编号		1	2	⋯	i	⋯	$n-1$	n
节点荷载	力	P_1	P_2	⋯	P_i	⋯	P_{n-1}	P_n
	力偶	M_1	M_2	⋯	M_i	⋯	P_{n-1}	P_{n-1}
单元编号		1	2	⋯	i	$i+1$	⋯	n	$n+1$
单元长度		l_1	l_2-l_1	⋯	$l_{i+1}-l_i$	$l_{i+2}-l_{i+1}$	⋯	l_n-l_{n-1}	$l_{n+1}-l_n$
基床系数		k_1	k_2	⋯	k_i	k_{i+1}	⋯	k_n	k_{n+1}
抗弯刚度		EI_1	EI_2	⋯	EI_i	EI_{i+1}	⋯	EI_n	EI_{n+1}
梁宽		b_1	b_2	⋯	b_i	b_{i+1}	⋯	b_n	b_{n+1}
分布荷载		$q_1(x)$	$q_2(x)$	⋯	$q_i(x)$	$q_{i+1}(x)$	⋯	$q_n(x)$	$q_{n+1}(x)$

下面建立在集中力、集中力偶和分布荷载以及地基反力共同作用下，Winkler 地基梁沉降位移方程的普遍形式。考虑分布荷载作用，地基梁的微分方程为

$$EI\frac{\mathrm{d}^4 w}{\mathrm{d}x^4}=-bp+q(x) \tag{7-13}$$

微分方程式（7-13）的解由以下两部分相加得到，一部分是对应的齐次方程的通解；另一部分是特解。微分方程式（7-13）对应的齐次方程的通解为

$$w=\mathrm{e}^{\lambda x}(a_1\cos\lambda x+a_2\sin\lambda x)+\mathrm{e}^{-\lambda x}(a_3\cos\lambda x+a_4\sin\lambda x) \tag{7-14}$$

微分方程式（7-13）的特解由式（7-14）和 $\dfrac{q(x)}{EI}$ 共同确定。

只要给出 $q(x)$ 的具体表达式，比较 $q(x)$ 与式（7-14）后，可以给出特解形式，将其代入式（7-13）后即可确定特解。考虑到多项式可以拟合任意形式的函数，因此，为了寻求统一解法，这里以多项式作为函数 $q(x)$ 的统一表达式。多项式的次数越高，其拟合精度也越高。选择三次多项式作为分布荷载的统一表达式，其原因主要有两个，一是如果选用四次以上的多项式，则特解形式比较复杂；二是如果多项式次数小于 3，则精度较低。

在实际计算中，如果认为三次多项式拟合某一梁单元上的分布

荷载时存在较大误差，则可以将该梁单元进一步细分，并再次以三次多项式分别拟合细分后梁单元上的分布荷载，直到得到满意的拟合结果为止。比如在图 7-4 中，第一个分布荷载的形式比较复杂，用一个三次多项式拟合可能存在较大误差。因此可以将这个分布荷载分成 $q_2(x)$ 和 $q_3(x)$ 两部分，分别用两个三次多项式进行拟合，故与该分布荷载对应的梁段需要划分为两个梁单元。所以说，以三次多项式作为拟合分布荷载的多项式具有普遍意义。设梁单元上的分布荷载为

$$q(x) = c_0 + c_1 x + c_2 x^2 + c_3 x^3 \qquad (7\text{-}15)$$

结合式（7-14），可以得到微分方程式（7-13）的特解

$$w^* = \frac{c_0 + c_1 x + c_2 x^2 + c_3 x^3}{kb} \qquad (7\text{-}16)$$

因此，梁单元 i 的沉降位移曲线可以由式（7-14）和式（7-16）叠加得到，即

$$\begin{aligned} \widetilde{w}_i = w_i + w_i^* = &\mathrm{e}^{\lambda_i x}(a_{i1}\cos\lambda_i x + a_{i2}\sin\lambda_i x) \\ &+ \mathrm{e}^{-\lambda_i x}(a_{i3}\cos\lambda_i x + a_{i4}\sin\lambda_i x) + \frac{q_i(x)}{k_i b_i} \end{aligned} \qquad (7\text{-}17)$$

这里，$q_i(x)$ 是整体坐标系里的函数。当梁单元长度范围内没有分布荷载作用时，梁单元的沉降位移曲线蜕化为经典解，即

$$w_i = \mathrm{e}^{\lambda_i x}(a_{i1}\cos\lambda_i x + a_{i2}\sin\lambda_i x) + \mathrm{e}^{-\lambda_i x}(a_{i3}\cos\lambda_i x + a_{i4}\sin\lambda_i x)$$

$$(7\text{-}18)$$

因此，式（7-17）可以写为

$$\widetilde{w}_i = w_i + \frac{c_{i0} + c_{i1} x + c_{i2} x^2 + c_{i3} x^3}{k_i b_i} \qquad (7\text{-}19)$$

所以，梁单元总沉降位移曲线可以表示为两部分。第一部分为梁单元在节点力、节点力偶和对应的地基反力作用下的变形部分，第二部分可以看作是在单元范围内作用分布荷载时地基的弹性变形部分，当然这两部分变形是耦合的。这里，a_{ij} 为 4 个待定系数，$j = 1, 2, 3, 4$。

根据连续性条件，第 i 梁单元 [长度范围内有 $q_i(x)$ 作用] 和第 $i+1$ 梁单元 [长度范围内有 $q_{i+1}(x)$ 作用] 在节点 i 处，即

在 $x = l_i$ 处，应该满足挠度 w、转角 θ、弯矩 M 和剪力 V 共 4 个协调条件，即

$$\widetilde{w}_i = \widetilde{w}_{i+1} \qquad (7\text{-}20\text{a})$$

或

$$w_i + \frac{q_i(x)}{k_i b_i} = w_{i+1} + \frac{q_{i+1}(x)}{k_{i+1} b_{i+1}} \qquad (7\text{-}20\text{b})$$

$$\frac{\mathrm{d}w_i}{\mathrm{d}x} = \frac{\mathrm{d}w_{i+1}}{\mathrm{d}x} \qquad (7\text{-}21)$$

$$EI_i \frac{\mathrm{d}^2 w_i}{\mathrm{d}x^2} = EI_{i+1} \frac{\mathrm{d}^2 w_{i+1}}{\mathrm{d}x^2} + M_i \qquad (7\text{-}22)$$

$$EI_i \frac{\mathrm{d}^3 w_i}{\mathrm{d}x^3} = EI_{i+1} \frac{\mathrm{d}^3 w_{i+1}}{\mathrm{d}x^3} - P_i \qquad (7\text{-}23)$$

从整体平衡的角度考虑，各梁单元受到的地基反力之和应该等于所有集中力和分布荷载之和，即

$$\sum_{i=1}^{n+1} \int_{l_{i-1}}^{l_i} k_i b_i \widetilde{w}_i \mathrm{d}x = \sum_{i=1}^{n} P_i + \sum_{i=1}^{n+1} (c_{i0} + c_{i1}x + c_{i2}x^2 + c_{i3}x^3)(l_i - l_{i-1}) \qquad (7\text{-}24\text{a})$$

将式 (7-19) 代入式 (7-24a) 得到

$$\sum_{i=1}^{n+1} \int_{l_{i-1}}^{l_i} k_i b_i w_i \mathrm{d}x = \sum_{i=1}^{n} P_i \qquad (7\text{-}24\text{b})$$

另外，地基反力对梁 AB 左端的力矩必须与集中力、集中力偶和分布荷载对梁左端的力矩相平衡，即

$$\sum_{i=1}^{n+1} \int_{l_{i-1}}^{l_i} k_i b_i \widetilde{w}_i x \mathrm{d}x = \sum_{i=1}^{n} P_i l_i + \sum_{i=1}^{n} M_i$$
$$+ 0.5 \sum_{i=1}^{n+1} (c_{i0} + c_{i1}x + c_{i2}x^2 + c_{i3}x^3)(l_i^2 - l_{i-1}^2) \qquad (7\text{-}25\text{a})$$

将式 (7-19) 代入式 (7-25a) 得到

$$\sum_{i=1}^{n+1} \int_{l_{i-1}}^{l_i} k_i b_i w_i x \mathrm{d}x = \sum_{i=1}^{n} P_i l_i + \sum_{i=1}^{n} M_i \qquad (7\text{-}25\text{b})$$

根据以上连续性条件和平衡条件，可以得到 $4n+2$ 个方程。而待定系数共有 $4n+4$ 个，为此需要 2 个补充方程。根据虚功原理，

图 7-4 所示系统的总势能

$$T = U_b + U_s + U_P \tag{7-26}$$

其中，U_b 和 U_s 分别为梁和 Winkler 地基的变形能，U_P 为集中力、集中力偶和分布荷载的总势能。并且有

$$U_b = \frac{1}{2} \int_0^l EI (w'')^2 \, dx = \frac{1}{2} \sum_{i=1}^{n+1} \int_{l_{i-1}}^{l_i} EI_i (w_i'')^2 \, dx \tag{7-27}$$

$$U_s = \int_0^l \frac{kbs^2}{2} \, dx = \int_0^l \frac{kb\widetilde{w}^2}{2} \, dx = \frac{1}{2} \sum_{i=1}^{n+1} \int_{l_{i-1}}^{l_i} k_i b_i \widetilde{w}_i^2 \, dx \tag{7-28}$$

$$U_P = -\sum_{i=1}^{n} P_i \widetilde{w}_{Ni} - \sum_{i=1}^{n} M_i w'_{Ni} - \sum_{i=1}^{n+1} \int_{l_{i-1}}^{l_i} \widetilde{w}_i q_i(x) \, dx \tag{7-29}$$

其中，$\widetilde{w}_{Ni}$ 和 w'_{Ni} 为节点 i 的位移和转角。所以式（7-26）可以改写为

$$T = \frac{1}{2} \sum_{i=1}^{n+1} \int_{l_{i-1}}^{l_i} EI_i (w_i'')^2 \, dx + \frac{1}{2} \sum_{i=1}^{n+1} \int_{l_{i-1}}^{l_i} k_i b_i \widetilde{w}_i^2 \, dx - \sum_{i=1}^{n} P_i \widetilde{w}_{Ni}$$

$$- \sum_{i=1}^{n} M_i w'_{Ni} - \sum_{i=1}^{n+1} \int_{l_{i-1}}^{l_i} \widetilde{w}_i (c_{i0} + c_{i1}x + c_{i2}x^2 + c_{i3}x^3) \, dx \tag{7-30}$$

7.3.2 矩阵列式和算法

定义 4 个函数，$\alpha = e^{\lambda_i x} \cos\lambda_i x$，$\beta = e^{\lambda_i x} \sin\lambda_i x$，$\xi = e^{-\lambda_i x} \cos\lambda_i x$ 和 $\zeta = e^{-\lambda_i x} \sin\lambda_i x$。$\alpha_{il}$，$\alpha_{ir}$，$\beta_{il}$，$\beta_{ir}$，$\xi_{il}$，$\xi_{ir}$ 和 ζ_{ir} 分别为这 4 个函数在第 i 梁单元左侧截面和右侧截面的数值；α_{il}'，α_{ir}'，β_{il}'，β_{ir}'，ξ_{il}'，ξ_{ir}' 和 ζ_{il}'，ζ_{ir}' 分别为梁单元左侧截面和右侧截面的一阶导数；类似的，定义这 4 个函数的二阶和三阶导数。当各梁单元的长度确定后，与各梁单元相对应的 α，β，ξ 和 ζ 以及它们的一阶、二阶和三阶导数可以计算得到。因此，将式（7-20）～式（7-25）写在一起得到

$$\{\boldsymbol{\Gamma}\} \{\boldsymbol{H}\} = \{\boldsymbol{E}\} \tag{7-31}$$

其中，$\{\boldsymbol{\Gamma}\}$ 为 $(4n+2) \times (4n+4)$ 矩阵，$\{\boldsymbol{H}\}$ 为 $(4n+4)$ 列向量，$\{\boldsymbol{E}\}$ 为 $(4n+2)$ 列向量，即

$$\{\boldsymbol{\Gamma}\} = \begin{bmatrix} \boldsymbol{\Delta}_{1r} & -\boldsymbol{\Delta}_{21} & \mathbf{0} & \mathbf{0} & \mathbf{0} & \mathbf{0} & \mathbf{0} \\ \mathbf{0} & \boldsymbol{\Delta}_{2r} & -\boldsymbol{\Delta}_{31} & \mathbf{0} & \mathbf{0} & \mathbf{0} & \mathbf{0} \\ \cdots & \cdots & \cdots & \cdots & \cdots & \cdots & \cdots \\ \mathbf{0} & \mathbf{0} & \mathbf{0} & \boldsymbol{\Delta}_{ir} & -\boldsymbol{\Delta}_{(i+1)1} & \mathbf{0} & \mathbf{0} \\ \cdots & \cdots & \cdots & \cdots & \cdots & \cdots & \cdots \\ \mathbf{0} & \mathbf{0} & \mathbf{0} & \mathbf{0} & \mathbf{0} & \boldsymbol{\Delta}_{nr} & -\boldsymbol{\Delta}_{(n+1)1} \\ \boldsymbol{\Psi}_1 & \boldsymbol{\Psi}_2 & \boldsymbol{\Psi}_3 & \cdots & \boldsymbol{\Psi}_i & \cdots & \boldsymbol{\Psi}_{n+1} \\ \boldsymbol{\Pi}_1 & \boldsymbol{\Pi}_2 & \boldsymbol{\Pi}_3 & \cdots & \boldsymbol{\Pi}_i & \cdots & \boldsymbol{\Pi}_{n+1} \end{bmatrix} \tag{7-32}$$

$$\{\boldsymbol{H}\} = \{ a_{11} \quad a_{12} \quad a_{13} \quad a_{14} \quad a_{21} \quad a_{22} \quad a_{23} \quad a_{24} \quad \cdots$$
$$a_{i1} \quad a_{i2} \quad a_{i3} \quad a_{i4} \quad \cdots \quad a_{n1} \quad a_{n2} \quad a_{n3} \quad a_{n4}$$
$$a_{(n+1)1} \quad a_{(n+1)2} \quad a_{(n+1)3} \quad a_{(n+1)4} \}^{\mathrm{T}} \tag{7-33}$$

$$\{\boldsymbol{E}\} = \Big\{ -\frac{q_1(x)}{k_1 b_1} + \frac{q_2(x)}{k_2 b_2} \quad 0 \quad \frac{M_1}{EI_1} \quad -\frac{P_1}{EI_1} \quad -\frac{q_2(x)}{k_2 b_2} + \frac{q_3(x)}{k_3 b_3}$$

$$0 \quad \frac{M_2}{EI_2} \quad -\frac{P_2}{EI_2} \quad \cdots \quad -\frac{q_{i-1}(x)}{k_{i-1} b_{i-1}} + \frac{q_i(x)}{k_i b_i} \quad 0 \quad \frac{M_i}{EI_i} \quad -\frac{P_i}{EI_i} \quad \cdots$$

$$-\frac{q_{n-1}(x)}{k_{n-1} b_{n-1}} + \frac{q_n(x)}{k_n b_n} \quad 0 \quad \frac{M_n}{EI_n} \quad -\frac{P_n}{EI_n} \quad \sum_{i=1}^n P_i \quad \sum_{i=1}^n P_i l_i + \sum_{i=1}^n M_i \Big\}^{\mathrm{T}}$$
$$\tag{7-34}$$

式（7-32）中的 $\mathbf{0}$ 为 4×4 方阵。$\boldsymbol{\Delta}_{ir}$ 和 $\boldsymbol{\Delta}_{(i+1)1}$ 分别为梁单元 i 右侧和梁单元 $i+1$ 左侧的变形矩阵，即

$$\Delta_{ir} = \begin{bmatrix} \alpha_{ir} & \beta_{ir} & \xi_{ir} & \zeta_{ir} \\ \alpha'_{ir} & \beta'_{ir} & \xi'_{ir} & \zeta'_{ir} \\ \alpha''_{ir} & \beta''_{ir} & \xi''_{ir} & \zeta''_{ir} \\ \alpha'''_{ir} & \beta'''_{ir} & \xi'''_{ir} & \zeta'''_{ir} \end{bmatrix} \tag{7-35}$$

$$\Delta_{(i+1)1} = \begin{bmatrix} \alpha_{(i+1)1} & \beta_{(i+1)1} & \xi_{(i+1)1} & \zeta_{(i+1)1} \\ \alpha'_{(i+1)1} & \beta'_{(i+1)1} & \xi'_{(i+1)1} & \zeta'_{(i+1)1} \\ \dfrac{EI_{i+1}}{EI_i}\alpha''_{(i+1)1} & \dfrac{EI_{i+1}}{EI_i}\beta''_{(i+1)1} & \dfrac{EI_{i+1}}{EI_i}\xi''_{(i+1)1} & \dfrac{EI_{i+1}}{EI_i}\zeta''_{(i+1)1} \\ \dfrac{EI_{i+1}}{EI_i}\alpha'''_{(i+1)1} & \dfrac{EI_{i+1}}{EI_i}\beta'''_{(i+1)1} & \dfrac{EI_{i+1}}{EI_i}\xi'''_{(i+1)1} & \dfrac{EI_{i+1}}{EI_i}\zeta'''_{(i+1)1} \end{bmatrix}$$
$$\tag{7-36}$$

$\pmb{\psi}_i$ 为地基对梁单元 i 的反力行向量，即

$$\pmb{\psi}_i = \left[\int_{l_{i-1}}^{l_i} \alpha \, \mathrm{d}x \quad \int_{l_{i-1}}^{l_i} \beta \, \mathrm{d}x \quad \int_{l_{i-1}}^{l_i} \xi \, \mathrm{d}x \quad \int_{l_{i-1}}^{l_i} \zeta \, \mathrm{d}x \right] \quad (7\text{-}37)$$

$\pmb{\Pi}_i$ 为梁单元 i 的力矩行向量，即与梁单元 i 对应的地基反力行向量在梁左端产生的力矩

$$\pmb{\Pi}_i = \left[\int_{l_{i-1}}^{l_i} \alpha x \, \mathrm{d}x \quad \int_{l_{i-1}}^{l_i} \beta x \, \mathrm{d}x \quad \int_{l_{i-1}}^{l_i} \xi x \, \mathrm{d}x \quad \int_{l_{i-1}}^{l_i} \zeta x \, \mathrm{d}x \right] \quad (7\text{-}38)$$

方程组式（7-31）共有 $4n+2$ 个方程，未知数 a_{ij} 有 $4n+4$ 个，因此通过求解方程组式（7-31）可以将所有未知数表示为其中两个未知数的函数，比如表示为 a_{11} 和 a_{12} 的函数，即

$$a_{ij} = f_{ij}(a_{11}, \ a_{12}) \quad (7\text{-}39)$$

故式（7-30）可以表示为 a_{11} 和 a_{12} 的函数，即

$$T = g(a_{11}, \ a_{12}) \quad (7\text{-}40)$$

根据最小势能原理得到

$$\frac{\partial T}{\partial a_{11}} = 0 \quad (7\text{-}41a)$$

$$\frac{\partial T}{\partial a_{12}} = 0 \quad (7\text{-}41b)$$

求解方程组式（7-41）可以得到未知数 a_{11} 和 a_{12}，代回式（7-39），其余未知数 a_{ij} 可以求出。将 a_{ij} 代入式（7-17），可以得到沿梁长方向各梁单元的沉降位移曲线和地基沉降量分布；乘以 $k_i b_i$ 可以得到地基反力分布。然后，对式（7-17）求关于 x 的一阶导数，可以得到沿梁长方向各点的转角分布；求二阶和三阶导数，并乘以 $-EI$，可以得到弯矩和剪力。

7.3.3 与一般有限元方法的比较

地基梁的一般有限元图式如图 7-5 所示。

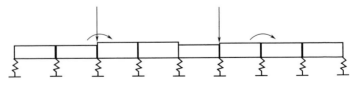

图 7-5 Winkler 地基梁的一般有限元法

第一步，单元划分和节点编号。

第二步，在每个节点下分别设置一根弹簧，弹簧力代表该节点对应的基底总反力，弹簧刚度为对应基底面积的集中基床系数，弹簧压缩变形代表此处的地基沉降，并等于梁上相应节点的竖向位移。

第三步，根据位移法原理建立梁单元的刚度矩阵，并按照对号入座的原则得到梁的总刚度矩阵，设梁单元的长度为 l_e，则梁单元的刚度矩阵为

$$[\boldsymbol{k}]_e = \frac{EI}{l_e^3} \begin{bmatrix} 12 & 6l_e & -12 & 6l_e \\ 6l_e & 4l_e^2 & -6l_e & 2l_e^2 \\ -12 & -6l_e & 12 & -6l_e \\ 6l_e & 2l_e^2 & -6l_e & 4l_e^2 \end{bmatrix} \tag{7-42}$$

第四步，将梁的刚度矩阵与弹簧的刚度矩阵组装成地基上梁的刚度矩阵，在此过程中，定义地基只能承受竖向集中力而不能抵抗弯矩。

第五步，根据节点力、集中基底反力和节点荷载之间的平衡关系，建立方程组并求解，从而可以直接得到各单元的变形量也即位移和转角。

第六步，根据各梁单元杆端力与杆端位移的关系，求杆端弯矩和剪力，进而可以求任意截面的内力。

与一般有限元方法比较后可以发现，本方法有以下一些不同之处：

（1）在建立平衡关系时充分利用了单元间的协调条件，包括位移、转角、弯矩和剪力连续性条件；一般有限元方法没有考虑剪力平衡条件。

（2）一般有限元方法将地基反力等效为集中力施加于节点，含糊了地基梁是一个连续弹性体的事实，只能得到 $2n+4$ 个方程（n 为节点数），与本书方法得到的 $4n+2$ 个方程相比，精度要低一些。

（3）本书方法能施加多种类型荷载，包括集中力、集中力偶和任意形式的分布荷载；一般有限元方法在考虑分布荷载时，只能将其转化为节点集中力。

（4）能直接得到位移、转角、弯矩和剪力的解析表达式；一般

有限元方法只能得到位移和转角的数值，至于弯矩和剪力，则需要根据杆端力与杆端位移的关系进一步计算。

（5）由于依然将地基作为连续的弹性体，因此只要在梁宽变化截面、梁刚度变化截面、基床系数变化截面、集中力或集中力偶作用点、分布荷载（三次多项式形式）的起始位置将梁划分为若干单元，就能得到精确解；一般有限元方法，由于以弹簧刚度即所谓的集中基床系数，来代替一定受压面积地基的基床系数，所以其精度受单元划分粗细程度的控制，也即单元划分越细，精度越高。

7.3.4 计算分析与讨论

某梁搁置在 Winkler 地基上，如图 7-6 所示。该梁长 $l=15\text{m}$。在 0～9m 处，梁宽 $b_1=1\text{m}$；在 9～15m 处，梁宽 $b_2=1.2\text{m}$。梁高 $h=0.6\text{m}$。弹性模量 $E=3\times10^{10}\text{Pa}$。所以，在 0～9m 处，梁的抗弯刚度 $EI_1=5.4\times10^8\text{Pa}\cdot\text{m}^4$；在 9～15m 处，梁的抗弯刚度 $EI_2=6.48\times10^8\text{Pa}\cdot\text{m}^4$。在 0～6m 处，地基基床系数 $k_1=20\text{MN}\cdot\text{m}^{-3}$；在 6～15m 处，地基基床系数 $k_2=30\text{MN}\cdot\text{m}^{-3}$。集中力 $P=1\times10^6\text{N}$，作用在 6m 截面处；集中力偶 $M=2\times10^6\text{N}\cdot\text{m}$，作用在 12m 截面处；在 $(x_1,x_2)=(0,2)$ 范围内，作用有分布荷载

$$q_1(x)=50000x\cos(3x)\text{e}^x+1000000 \tag{7-43}$$

在 $(x_3,x_4)=(9,12)$ 范围内，作用有三角形分布荷载 q_2，其表达式为

$$q_2(x)=(36-3x)\times10^5 \tag{7-44}$$

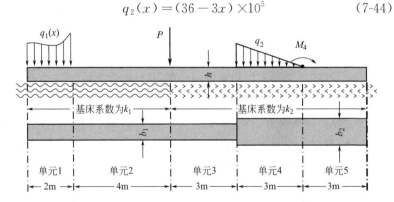

图 7-6 算例计算模型及单元划分

求此地基梁沉降、转角及受到的弯矩和剪力。用三次多项式对式（7-43）进行拟合，最小二乘法得到的拟合方程为

$$q_1^*(x) = (968 + 563x - 1270x^2 + 591x^3) \times 10^3 \qquad (7\text{-}45)$$

方程式（7-43）与拟合方程式（7-45）的关系如图 7-7 所示。实线和虚线分别表示方程式（7-43）和式（7-45）。

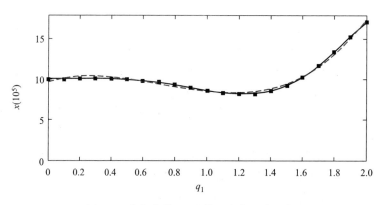

图 7-7　分布荷载 q_1 及其三次多项式拟合

将结构划分为 5 个梁单元（如果采用一般有限元方法，则需要划分为更多单元），如图 7-8 所示。按照本方法，得到在图 7-6 所示复杂状态下，各梁单元的沉降位移分别为

单元 1：$0\text{m} \leqslant x < 2\text{m}$，$\lambda_1 = 0.3102$

$$
\begin{aligned}
\widetilde{w}_1 = w_1 + w_1^* = {}& \mathrm{e}^{\lambda_1 x}(0.7104\cos\lambda_1 x - 0.4414\sin\lambda_1 x) + \\
& \mathrm{e}^{-\lambda_1 x}(-0.7168\cos\lambda_1 x - 1.1013\sin\lambda_1 x) + 0.0484 + \\
& 0.0282x - 0.0635x^2 + 0.0296x^3 \qquad (7\text{-}46\text{a})
\end{aligned}
$$

单元 2：$2\text{m} \leqslant x < 6\text{m}$，$\lambda_2 = 0.3102$

$$
\begin{aligned}
\widetilde{w}_2 = w_2 = {}& \mathrm{e}^{\lambda_2 x}(0.0005742\cos\lambda_2 x + 0.001490\sin\lambda_2 x) + \\
& \mathrm{e}^{-\lambda_2 x}(0.03990\cos\lambda_2 x + 0.02205\sin\lambda_2 x) \qquad (7\text{-}46\text{b})
\end{aligned}
$$

单元 3：$6\text{m} \leqslant x < 9\text{m}$，$\lambda_3 = 0.3433$

$$
\begin{aligned}
\widetilde{w}_3 = w_3 = {}& \mathrm{e}^{\lambda_3 x}(-0.000170\cos\lambda_3 x + 0.000092\sin\lambda_3 x) + \\
& \mathrm{e}^{-\lambda_3 x}(-0.03301\cos\lambda_3 x + 0.05682\sin\lambda_3 x) \qquad (7\text{-}46\text{c})
\end{aligned}
$$

单元 4：$9\text{m} \leqslant x < 12\text{m}$，$\lambda_4 = 0.3433$

$$\widetilde{w}_4 = w_4 + w_4^* = e^{\lambda_4 x}(0.0001199\cos\lambda_4 x - 0.0002094\sin\lambda_4 x) +$$
$$e^{-\lambda_4 x}(0.3611\cos\lambda_4 x - 0.1044\sin\lambda_4 x) + 0.1 - 0.0083x$$

(7-46d)

单元 5：$12\text{m} \leqslant x < 15\text{m}$，$\lambda_5 = 0.3433$

$$\widetilde{w}_5 = w_5 = e^{\lambda_5 x}(0.0000062\cos\lambda_5 x - 0.0000133\sin\lambda_5 x) +$$
$$e^{-\lambda_5 x}(0.1768\cos\lambda_5 x - 0.4304\sin\lambda_5 x)$$

(7-46e)

根据式（7-46）可以得到完整的沉降位移曲线，根据转角、弯矩和剪力与沉降位移曲线之间的导数关系，可以得到任意截面的转角、弯矩和剪力分布。计算结果如图 7-8 所示。

作为算例，图 7-8 还标注了图 7-6 所示结构在各荷载独自作用时的位移、转角、弯矩和剪力。其中，集中力 P 单独作用、集中力偶 M 单独作用、两个分布力（q_1，q_2）单独作用以及所有荷载共同作用条件下，对应的沉降位移分布分别以 w_1，w_2，w_3，w 表示。转角、弯矩和剪力也采用类似的标注办法。

为了与有限元方法进行比较，笔者用图 7-5 所示方法对图 7-6 算例进行了计算。计算采用了两种单元划分方法：方法 1 是将图 7-6 所示结构划分为 15 个等长的梁单元，每个梁单元长度为 1m；方法 2 的单元划分方法与本单元划分方法一样，即划分为长度分别为 2m，4m，3m，3m 和 3m 的 5 个不等长度的单元。各弹簧等效刚度按式 $K_i = k_i f_i$ 确定，其中 f_i 为各弹簧对应的地基面积。计算时需要将两个分布荷载转换为等效节点力荷载。两种单元划分方法对应的节点荷载和弹簧刚度分别见表 7-2 中对应部分。

两种单元划分方法的有限元计算结果也表示在图 7-8 中，并以曲线"★---"表示。其中曲线 α 表示方法 1 单元划分方法得到的计算结果；曲线 β 为方法 2 单元划分方法得到的计算结果。这里只计算了沉降位移和转角沿梁长的分布，至于弯矩和剪力，则需要根据杆端力与杆端位移之间的关系进行求解。

显而易见，单元划分方法仅仅由集中力的个数、集中力偶的个数、分布荷载的位置、地基梁的截面特征和弹性模量以及地基基床系数变化与否确定。综合考虑这些因素，进行单元划分，就可以得

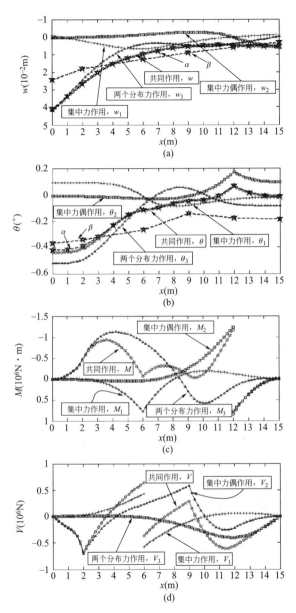

图 7-8 复杂条件下 Winkler 地基梁计算示例及与有限元方法的比较

（a）沉降位移沿梁长的分布；（b）转角沿梁长的分布；

（c）弯矩沿梁长的分布；（d）剪力沿梁长的分布

有限元方法的节点荷载和弹簧刚度计算　　　　表 7-2

节点	节点力(10^5N)		节点力偶(10^5N·m)		K_i(MN·m^{-1})	
	方法1	方法2	方法1	方法2	方法1	方法2
1	5.04	9.76			10	20
2	8.96	10.63			20	60
3	6.40	10.00			20	85
4		10.13		20	20	99
5		3.38			20	108
6					20	54
7	10.00				25	
8					30	
9					30	
10	4.13				33	
11	6.00				36	
12	3.00				36	
13	0.38		20		36	
14					36	
15					36	
16					18	

到精确解答，而无需过密的单元划分方案。有限元方法的计算精度，则在很大程度上取决于单元划分的粗细程度，一般来说，网格越密，结果越精确。

7.4　复杂条件下有限长梁的边界条件法

节点设置和单元划分方法与 7.3 相同。

7.4.1　模型和算法

计算模型如图 7-9 所示。

如果某段梁上的分布荷载不是线性的，则可以将其划分为若干梁单元，并使每一单元上的分布荷载可以近似的线性表示。因此，对于非线性分布荷载，单元划分只需要稍微细一些，以满足单元荷

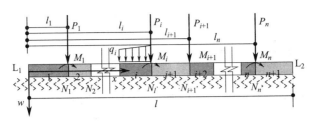

图 7-9　Winkler 地基上梁的计算模型

载线性的要求，而无需进行其他特殊处理。梁单元的变形曲线可以用式（7-47）表示，即

$$\widetilde{w}_i = e^{\lambda_i x}(a_{i1}\cos\lambda_i x + a_{i2}\sin\lambda_i x) + e^{-\lambda_i x}(a_{i3}\cos\lambda_i x + a_{i4}\sin\lambda_i x) + \frac{q_i}{k_i b_i}$$

$$(7\text{-}47)$$

如果梁单元范围内没有分布荷载作用，则梁单元的变形曲线为

$$w_i = e^{\lambda_i x}(a_{i1}\cos\lambda_i x + a_{i2}\sin\lambda_i x) + e^{-\lambda_i x}(a_{i3}\cos\lambda_i x + a_{i4}\sin\lambda_i x)$$

$$(7\text{-}48)$$

因此，式（7-47）可以写为

$$\widetilde{w}_i = w_i + \frac{q_i}{k_i b_i} \qquad (7\text{-}49)$$

所以，梁单元的总变形在形式上可以表示为两部分之和：第一部分为梁单元的弯曲变形部分，即在单元端力、端力偶和地基反力作用下的弯曲变形部分；第二部分为单元范围内作用分布荷载时产生的刚体平动变形。当然这两部分变形是耦合的。这里，a_{ij} 为 4 个待定系数，$j=1$、2、3、4。根据连续性条件，第 i 梁单元（长度范围内有 q_i 作用）和第 $i+1$ 梁单元（长度范围内有 q_{i+1} 作用）在节点处，即在 $x=l_i$ 处，应同时满足变形 w、转角 θ、弯矩 M 和剪力 V 共 4 个协调条件，即

$$\widetilde{w}_i = \widetilde{w}_{i+1} \text{ 或 } w_i + \frac{q_i}{k_i b_i} = w_{i+1} + \frac{q_{i+1}}{k_{i+1} b_{i+1}} \qquad (7\text{-}50)$$

$$\frac{\mathrm{d}w_i}{\mathrm{d}x} = \frac{\mathrm{d}w_{i+1}}{\mathrm{d}x} \qquad (7\text{-}51)$$

$$EI_i \frac{\mathrm{d}^2 w_i}{\mathrm{d}x^2} = EI_{i+1} \frac{\mathrm{d}^2 w_{i+1}}{\mathrm{d}x^2} + M_i \qquad (7\text{-}52)$$

$$EI_i \frac{\mathrm{d}^3 w_i}{\mathrm{d}x^3} = EI_{i+1} \frac{\mathrm{d}^3 w_{i+1}}{\mathrm{d}x^3} - P_i \tag{7-53}$$

7.4.2 边界条件和数学表示

在地基梁左端，即第一个梁单元左端，弯矩和剪力均为零，所以在 $x=0$ 处，式（7-49）的二阶和三阶导数均为 0，即

$$\mathrm{e}^{\lambda_1 x}(-a_{11}\sin\lambda_1 x + a_{12}\cos\lambda_1 x) + \mathrm{e}^{-\lambda_1 x}(a_{13}\sin\lambda_1 x - a_{14}\cos\lambda_1 x) = 0 \tag{7-54a}$$

$$\mathrm{e}^{\lambda_1 x}[-a_{11}(\sin\lambda_1 x + \cos\lambda_1 x) + a_{12}(\cos\lambda_1 x - \sin\lambda_1 x)]$$
$$+ \mathrm{e}^{-\lambda_1 x}[a_{13}(\cos\lambda_1 x - \sin\lambda_1 x) + a_{14}(\cos\lambda_1 x + \sin\lambda_1 x)] = 0 \tag{7-54b}$$

由式（7-54）进一步可以得到

$$a_{12} - a_{14} = 0 \tag{7-55a}$$

$$-a_{11} + a_{12} + a_{13} + a_{14} = 0 \tag{7-55b}$$

在地基梁右端，弯矩和剪力也为 0。所以，在 $x=l$ 处，式（7-49）的二阶和三阶导数也等于 0，即

$$\mathrm{e}^{\lambda_{n+1} l}[-a_{n+1,1}(\sin\lambda_{n+1} l + \cos\lambda_{n+1} l) + a_{n+1,2}(\cos\lambda_{n+1} l - \sin\lambda_{n+1} l)] +$$
$$\mathrm{e}^{-\lambda_{n+1} l}[a_{n+1,3}(\cos\lambda_{n+1} l - \sin\lambda_{n+1} l) + a_{n+1,4}(\cos\lambda_{n+1} l + \sin\lambda_{n+1} l)] = 0 \tag{7-56a}$$

$$\mathrm{e}^{\lambda_{n+1} l}(-a_{n+1,1}\cos\lambda_{n+1} l - a_{n+1,2}\sin\lambda_{n+1} l) -$$
$$\mathrm{e}^{-\lambda_{n+1} l}(a_{n+1,3}\cos\lambda_{n+1} l + a_{n+1,4}\sin\lambda_{n+1} l) = 0 \tag{7-56b}$$

7.4.3 单元间的协调条件

为方便表达，定义 4 个函数 $\alpha_i = \mathrm{e}^{\lambda_i x}\cos\lambda_i x$、$\beta_i = \mathrm{e}^{\lambda_i x}\sin\lambda_i x$、$\xi_i = \mathrm{e}^{-\lambda_i x}\cos\lambda_i x$ 和 $\zeta_i = \mathrm{e}^{-\lambda_i x}\sin\lambda_i x$。$\alpha_{il}$，$\alpha_{ir}$，$\beta_{il}$，$\beta_{ir}$，$\xi_{il}$，$\xi_{ir}$ 和 ζ_{il}，ζ_{ir} 分别为这 4 个函数在第 i 梁单元左端截面和右端截面的数值；α_{il}'，α_{ir}'，β_{il}'，β_{ir}'，ξ_{il}'，ξ_{ir}' 和 ζ_{il}'，ζ_{ir}' 分别为梁单元左端截面和右端截面的一阶导数；类似的，可以定义这 4 个函数的二阶和三阶导数。当梁单元确定后，与之对应的 α_i、β_i、ξ_i 和 ζ_i 以及它们的一阶、二阶和三阶导数可以计算得到。因此，将边界条件式（7-55），协调方程（7-50）～式（7-53），边界条件式（7-56）

写在一起得到

$$\{\boldsymbol{\Gamma}\}\{\boldsymbol{H}\} = \{\boldsymbol{E}\} \tag{7-57}$$

其中，$\{\boldsymbol{\Gamma}\}$ 为（$4n+4$）×（$4n+4$）方阵，$\{\boldsymbol{H}\}$ 和 $\{\boldsymbol{E}\}$ 为（$4n+4$）列向量，并有

$$\{\boldsymbol{\Gamma}\} = \begin{bmatrix} -\widetilde{\boldsymbol{\Delta}}_{12} & \widetilde{\boldsymbol{0}} & \widetilde{\boldsymbol{0}} & \cdots & \widetilde{\boldsymbol{0}} & \widetilde{\boldsymbol{0}} & \widetilde{\boldsymbol{0}} \\ \boldsymbol{\Delta}_{11} & -\boldsymbol{\Delta}_{22} & \boldsymbol{0} & \cdots & \boldsymbol{0} & \boldsymbol{0} & \boldsymbol{0} \\ \boldsymbol{0} & \boldsymbol{\Delta}_{21} & -\boldsymbol{\Delta}_{32} & \cdots & \boldsymbol{0} & \boldsymbol{0} & \boldsymbol{0} \\ \cdots & \cdots & \cdots & \cdots & \cdots & \cdots & \cdots \\ \boldsymbol{0} & \boldsymbol{0} & \cdots & \boldsymbol{\Delta}_{i1} & -\boldsymbol{\Delta}_{(i+1)2} & \cdots & \boldsymbol{0} \\ \cdots & \cdots & \cdots & \cdots & \cdots & \cdots & \cdots \\ \boldsymbol{0} & \boldsymbol{0} & \boldsymbol{0} & \cdots & \boldsymbol{0} & \boldsymbol{\Delta}_{n1} & -\boldsymbol{\Delta}_{n+1,2} \\ \widetilde{\boldsymbol{0}} & \widetilde{\boldsymbol{0}} & \widetilde{\boldsymbol{0}} & \cdots & \widetilde{\boldsymbol{0}} & \widetilde{\boldsymbol{0}} & \widetilde{\boldsymbol{\Delta}}_{n+1,1} \end{bmatrix} \tag{7-58}$$

$$\{\boldsymbol{H}\} = \{a_{11} \quad a_{12} \quad a_{13} \quad a_{14} \quad a_{21} \quad a_{22} \quad a_{23} \quad a_{24} \cdots$$
$$a_{i1} \quad a_{i2} \quad a_{i3} \quad a_{i4} \cdots a_{n+1,1} \quad a_{n+1,2} \quad a_{n+1,3} \quad a_{n+1,4}\}^{\text{T}} \tag{7-59}$$

$$\{\boldsymbol{E}\} = \{0 \quad 0 \quad e_{11} \quad e_{12} \quad e_{13} \quad e_{14} \quad e_{21} \quad e_{22} \quad e_{23} \quad e_{24} \cdots$$
$$e_{i1} \quad e_{i2} \quad e_{i3} \quad e_{i4} \cdots e_{n1} \quad e_{n2} \quad e_{n3} \quad e_{n4} \quad 0 \quad 0\}^{\text{T}} \tag{7-60}$$

其中，e_{ij} 由分布荷载 q_i 确定，且 e_{i1}、e_{i2}、e_{i3} 和 e_{i4} 分别是 $q_i / (k_i b_i)$ 和它的一阶、二阶、三阶导数。由于 q_i 沿梁长线性分布，所以 e_{i3} 和 e_{i4} 均为 0。在式（7-58）中，$\widetilde{\boldsymbol{\Delta}}_{12}$、$\widetilde{\boldsymbol{\Delta}}_{n+1,1}$ 和 $\widetilde{\boldsymbol{0}}$ 为 2×4 阶矩阵，即

$$\widetilde{\boldsymbol{\Delta}}_{12} = \begin{bmatrix} \alpha''_{12} & \beta''_{12} & \xi''_{12} & \zeta''_{12} \\ \alpha'''_{12} & \beta'''_{12} & \xi'''_{12} & \zeta'''_{12} \end{bmatrix} = \begin{bmatrix} 0 & 1 & 0 & -1 \\ -1 & 1 & 1 & 1 \end{bmatrix} \tag{7-61}$$

$$\widetilde{\boldsymbol{\Delta}}_{n+1,1} = \begin{bmatrix} \alpha''_{n+1,1} & \beta''_{n+1,1} & \xi''_{n+1,1} & \zeta''_{n+1,1} \\ \alpha'''_{n+1,1} & \beta'''_{n+1,1} & \xi'''_{n+1,1} & \zeta'''_{n+1,1} \end{bmatrix} \tag{7-62}$$

并且有

$$\alpha''_{n+1,1} = -\text{e}^{\lambda_{n+1}l}(\sin\lambda_{n+1}l + \cos\lambda_{n+1}l) \tag{7-63a}$$

$$\beta''_{n+1,1} = \text{e}^{\lambda_{n+1}l}(\cos\lambda_{n+1}l - \sin\lambda_{n+1}l) \tag{7-63b}$$

$$\xi''_{n+1,1} = e^{-\lambda_{n+1}l}(\cos\lambda_{n+1}l - \sin\lambda_{n+1}l) \tag{7-63c}$$

$$\zeta''_{n+1,1} = e^{-\lambda_{n+1}l}(\cos\lambda_{n+1}l + \sin\lambda_{n+1}l) \tag{7-63d}$$

$$\alpha'''_{n+1,1} = -e^{\lambda_{n+1}l}\cos\lambda_{n+1}l \tag{7-63e}$$

$$\beta'''_{n+1,1} = -e^{\lambda_{n+1}l}\sin\lambda_{n+1}l \tag{7-63f}$$

$$\xi'''_{n+1,1} = e^{-\lambda_{n+1}l}\cos\lambda_{n+1}l \tag{7-63g}$$

$$\zeta'''_{n+1,1} = e^{-\lambda_{n+1}l}\sin\lambda_{n+1}l \tag{7-63h}$$

另外，式（7-58）中的 $\mathbf{0}$ 为 4×4 阶方阵。$\mathbf{\Delta}_{ir}$ 和 $\mathbf{\Delta}_{(i+1)2}$ 分别为梁单元 i 右端截面和梁单元 $i+1$ 左端截面的变形矩阵，即

$$\mathbf{\Delta}_{i1} = \begin{bmatrix} \alpha_{i1} & \beta_{i1} & \xi_{i1} & \zeta_{i1} \\ \alpha'_{i1} & \beta'_{i1} & \xi'_{i1} & \zeta'_{i1} \\ \alpha''_{i1} & \beta''_{i1} & \xi''_{i1} & \zeta''_{i1} \\ \alpha'''_{i1} & \beta'''_{i1} & \xi'''_{i1} & \zeta'''_{i1} \end{bmatrix} \tag{7-64}$$

$$\mathbf{\Delta}_{(i+1)2} = \begin{bmatrix} \alpha_{(i+1)2} & \beta_{(i+1)2} & \xi_{(i+1)2} & \zeta_{(i+1)2} \\ \alpha'_{(i+1)2} & \beta'_{(i+1)2} & \xi'_{(i+1)2} & \zeta'_{(i+1)2} \\ \alpha''_{(i+1)2} & \beta''_{(i+1)2} & \xi''_{(i+1)2} & \zeta''_{(i+1)2} \\ \alpha'''_{(i+1)2} & \beta'''_{(i+1)2} & \xi'''_{(i+1)2} & \zeta'''_{(i+1)2} \end{bmatrix} \tag{7-65}$$

解方程组式（7-57）可以得到 a_{ij}，将其代入到式（7-47），则得到梁的变形表达式，对变形方程求一阶导数可以得到转角表达式；求二阶、三阶导数并乘以 $-EI$，可得到弯矩和剪力。

7.4.4 计算分析与讨论

如图 7-10 所示，某梁宽 2m，长 20m，搁置在 Winkler 地基上，基床系数 $k=4.199\text{MN}\cdot\text{m}^{-3}$。下面分四种情况给出不同条件下的计算结果，以验证本书方法的正确性。

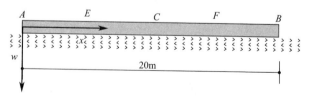

图 7-10 算例计算模型

（1）单个集中力作用

抗弯刚度 $EI = 2 \times 10^9 \text{Pa} \cdot \text{m}^4$ 且沿梁长不变，集中力 $P = 10^6 \text{N}$，当 P 作用在梁长 0、2m、4m、6m、8m 和 10m（跨中）等不同位置时，梁的变形 w 和弯矩 M 分别如图 7-11（a）和图 7-11（b）中的曲线 1、曲线 2、曲线 3、曲线 4、曲线 5 和曲线 6 所示。

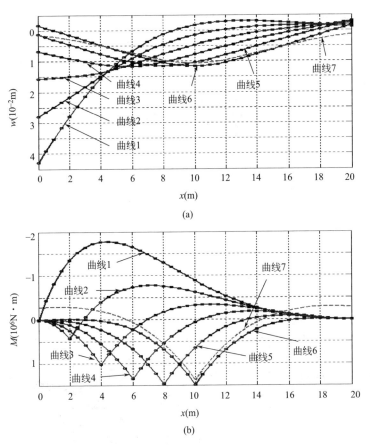

图 7-11 单个集中力作用在梁的不同位置时的计算结果

（a）沉降变形沿梁长的分布；（b）弯矩沿梁长的分布

此梁的柔度特征值 $\lambda = 0.18$，所以 $\lambda l = 3.6 > \pi$，按照 Winkler 地基梁的经典解答，属于无限长梁问题。其 Hetenyi 解的变形曲线和弯矩曲线如图 7-11（a）和 7-11（b）中的曲线 7 所示。可见，即使对于跨中作用有集中荷载这一特殊情况，Hetenyi 无限长梁解答仍不能完全满足梁两端弯矩为 0 这一边界条件，而本方法则能完全满足。

（2）两个集中力作用

抗弯刚度 $EI = 2 \times 10^9 \text{Pa} \cdot \text{m}^4$ 且沿梁长不变。集中力 $P_1 = 10^6 \text{N}$，当依次作用在 0、4m、8m、12m、16m 和 20m 等不同位置，集中力 $P_2 = 5 \times 10^5 \text{N}$，作用在 16m 处时，根据本法计算得到的梁变形 w 和弯矩 M 分布如图 7-12（a）和图 7-12（b）中的曲线

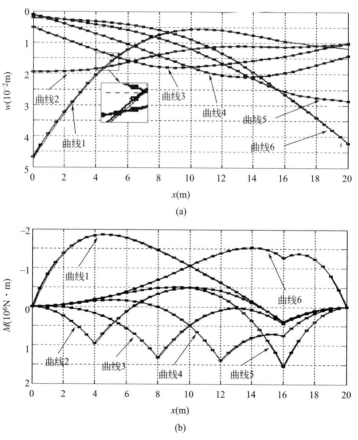

图 7-12　两个集中力作用在梁的不同位置时的计算结果

（a）沉降变形沿梁长的分布；（b）弯矩沿梁长的分布

1~6 所示。

另外，采用基于叠加原理的 Hetenyi 有限长梁解法对本题进行了计算，结果二者基本一致（图中细线所示，部分放大后可以看到细线）。这进一步说明，采用叠加原理的 Hetenyi 法是本法在常刚度、常基床系数、仅有集中荷载作用下的特殊情况。

（3）集中力和集中力偶共同作用

抗弯刚度 $EI = 2 \times 10^9 \mathrm{Pa \cdot m^4}$ 且沿梁长不变。集中力 $P_1 = 10^6 \mathrm{N}$，作用在 16m 处；集中力偶 $M = 5 \times 10^5 \mathrm{N \cdot m}$，当依次作用在梁长 0、4m、8m、12m、16m 和 20m 等不同位置时，梁的变形 w、转角 θ、弯矩 M 和剪力 V 分布如图 7-13 中的曲线 1~6 所示。

由图 7-13（c）和图 7-13（d）可见，给出的方法能完全满足弯矩和剪力边界条件及任一点的连续性条件，包括集中荷载作用位置的连续性条件。

（4）集中和分布荷载共同作用下的变刚度梁

梁由三段组成，长度分别为 4m、12m 和 4m，抗弯刚度分别为 EI_1、EI_2 和 EI_3。集中荷载 $P_1 = 10^6 \mathrm{N}$，作用在 4m 处；集中荷载 $P_2 = 5 \times 10^5 \mathrm{N}$，作用在 16m 处；集中力偶 $M = 5 \times 10^5 \mathrm{N \cdot m}$，也作用在 16m 处；分布荷载 $p = 6 \times 10^4 \mathrm{N/m}$，作用在 4~16m 长度范围内。

当三段梁的刚度 EI_1、EI_2、EI_3 分别为 $1EI$、$1EI$、$1EI$，$1EI$、$2EI$、$3EI$，$2EI$、$1EI$、$2EI$，$1EI$、$2EI$、$1EI$ 和 $3EI$、$2EI$、$1EI$ 时，梁的变形曲线 w、转角 θ、弯矩 M 和剪力 V 分别如图 7-14 中的 5 条曲线所示。这里 $EI = 2 \times 10^9 \mathrm{Pa \cdot m^4}$。

由图 7-14 可以看出，梁刚度的变化对变形、弯矩和剪力的影响较小，而对转角的影响较大。因此，改变 Winkler 地基梁的刚度，对沉降和内力分布不会产生较大影响。即，当需要控制 Winkler 地基梁沉降时，采用增大梁的刚度而不增加其宽度的方法是不可行的。

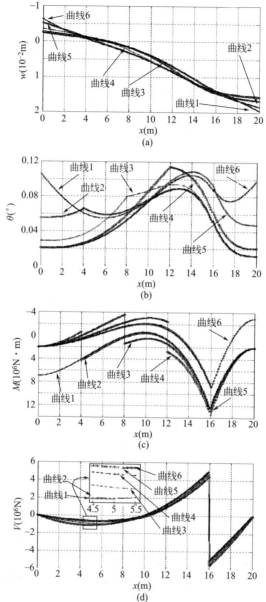

图 7-13　集中力和力偶作用在梁的不同位置时的计算结果
（a）沉降变形沿梁长的分布；（b）转角沿梁长的分布；
（c）弯矩沿梁长的分布；（d）剪力沿梁长的分布

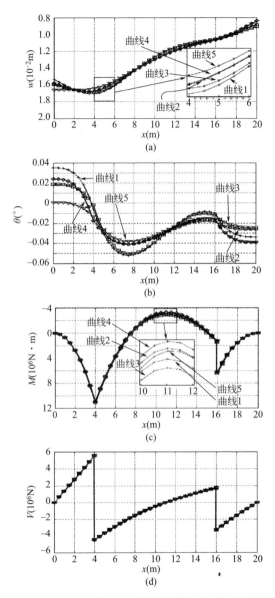

图 7-14　集中力、力偶和均布荷载作用在变刚度梁的
不同位置时的计算结果

（a）沉降变形沿梁长的分布；（b）转角沿梁长的分布；

（c）弯矩沿梁长的分布；（d）剪力沿梁长的分布

第8章 位移土压力

经典土压力理论的研究对象是饱和土的极限土压力。在实际工程中,非饱和土的非极限压力情况大量存在,有时还存在有限土体压力情况[51]。

8.1 朗肯(Rankine)土压力理论

朗肯土压力理论是土力学的经典理论之一,在土力学发展过程中占有重要地位,土力学最早的一些研究就是关于挡土墙土压力的问题。根据墙身位移方向,作用在挡土墙背的土压力常常分为静止土压力、主动土压力和被动土压力。当挡土墙静止不动时,作用在挡土墙的压力称为静止土压力。静止土压力强度 σ_0 为

$$\sigma_0 = K_0 p \tag{8-1}$$

式中,K_0 为静止土压力系数,p 为竖向应力,并且有

$$p = \gamma z + p_0 \tag{8-2}$$

其中,γ 为土的重度,kN/m^3;z 为计算点到地面的高度,m;p_0 为地面荷载,kN/m^2。

当挡土墙向远离土的方向移动时,土体作用于墙上的土压力逐渐减小。当墙后土体达到主动极限平衡状态时,作用在墙上的土压力减至最小,该土压力称为主动土压力。主动土压力强度 σ_a 为

$$\sigma_a = K_a p - 2c\sqrt{K_a} \tag{8-3}$$

其中

$$K_a = \tan^2\left(45° - \frac{\varphi}{2}\right) \tag{8-4}$$

K_a 为主动土压力系数,c 和 φ 分别为土的黏聚力和内摩擦角。当挡土墙在外力作用下挤压墙后土体时,随着墙位移量的逐渐增

大，土体作用于墙上的土压力逐渐增大。当墙后土体达到被动极限平衡状态时，作用在墙上的土压力增至最大，该土压力称为被动土压力。被动土压力强度 σ_p 为

$$\sigma_p = K_p p + 2c\sqrt{K_p} \tag{8-5}$$

其中

$$K_p = \tan^2\left(45° + \frac{\varphi}{2}\right) \tag{8-6}$$

K_p 为被动土压力系数。可见，三种土压力之间的大小关系为 $p_p > p_0 > p_a$。

8.2 非饱和土压力系数

经典土压力理论是针对饱和土建立起来的。一般情况下，挡土墙均有排水设施，故即使在雨季，挡土墙后面的土也是非饱和的。目前，国内外大量的在建或拟建项目均涉及非饱和土问题，显然建立基于非饱和土的土压力理论是必要的。

8.2.1 应力状态变量

饱和土的变形和强度取决于太沙基的有效应力 $\sigma'_{ij} = \sigma_{ij} - \delta_{ij} u_w$，其中，$\delta_{ij}$ 是 Kronecker 符号，u_w 为孔隙水压力。非饱和土中的水/气界面即收缩膜的性质既不同于水，也不同于气体，由于收缩膜的存在导致了毛细现象和基质吸力的出现。因此，非饱和土的变形与强度特性较饱和土复杂得多。非饱和土的应力状态可以用三个应力状态变量即 $(\sigma - u_a)$、$(u_a - u_w)$ 和 u_a 中的两个如 $(\sigma - u_a)$ 和 $(u_a - u_w)$ 表示，其中 $(u_a - u_w)$ 为基质吸力，$(\sigma - u_a)$ 为净法向应力，即

$$\begin{cases} (\sigma - u_a)_{ij} = \sigma_{ij} - u_a \delta_{ij} \\ (u_a - u_w)_{ij} = (u_a - u_w)\delta_{ij} \end{cases} \tag{8-7}$$

Fredlund 应用"零位"试验对其理论进行了验证，陈正汉应用连续介质应力理论和岩土力学公理化理论体系的基本定律，论证了其合理性。作者认为，基质吸力与净法向应力至少存在三方面的不同，即作用机理不同、作用形式不同和对应的模量不同，故二者不

应简单合并[52]。已经证明，二者对强度的贡献不存在交互作用。

8.2.2 自由场中基质吸力与压力的关系

当孔隙气与大气相通时，孔隙气压力等于大气压力，基质吸力由孔隙水压决定，并最终由含水量决定，即存在关系式 $(u_a - u_w) = f(s)$。另外，非饱和土的饱和度与土的重度存在单值对应关系，因此基质吸力与竖向压力之间可以建立函数关系。当 $(u_a - u_w) > (u_a - u_w)_b$ 时，基质吸力与饱和度之间有指数关系

$$s_e = \left[\frac{(u_a - u_w)_b}{(u_a - u_w)} \right]^\lambda \tag{8-8}$$

式中，$(u_a - u_w)_b$ 为进气值，λ 为孔隙大小分布指数，s_e 为有效饱和度，即

$$s_e = \frac{s - s_r}{1 - s_r} \tag{8-9}$$

其中，s 为饱和度；s_r 为剩余饱和度，即基质吸力的增加并不引起饱和度显著变化时的饱和度，如图 8-1 所示。

由土的三相关系得到

$$\gamma = \frac{G_s + se}{1 + e} g \rho_w \tag{8-10}$$

其中，ρ 为土的质量密度、γ 为土的重度、G_s 为土粒相对密度、ρ_w 为水的密度、g 为重力加速度。当 $G_s = 2.65$ 时，可以得到密度与饱和度和孔隙比的曲线关系。将式 (8-9)

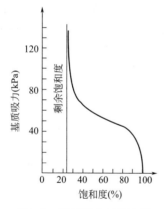

图 8-1 基质吸力与饱和度关系曲线

代入式 (8-10) 得到

$$\gamma = \frac{G_s + \left\{ \left[\frac{(u_a - u_w)_b}{(u_a - u_w)} \right]^\lambda (1 - s_r) + s_r \right\} e}{1 + e} g \rho_w \tag{8-11}$$

因此，土体自重引起的竖向压力可以积分得到，即

$$(\sigma_z - u_a) = \int_0^z \gamma dz = g[(u_a - u_w), z] \tag{8-12}$$

8.2.3 模型和算法

在饱和土力学中，根据广义 Hook 定律，对于满足各向同性和线弹性的土体，法向应变为

$$\begin{cases} \varepsilon_x = \dfrac{(\sigma_x - u_w)}{E} - \dfrac{\mu}{E}(\sigma_y + \sigma_z - 2u_w) \\[2mm] \varepsilon_y = \dfrac{(\sigma_y - u_w)}{E} - \dfrac{\mu}{E}(\sigma_z + \sigma_x - 2u_w) \\[2mm] \varepsilon_z = \dfrac{(\sigma_z - u_w)}{E} - \dfrac{\mu}{E}(\sigma_x + \sigma_y - 2u_w) \end{cases} \tag{8-13}$$

对于非饱和土，主应变可由饱和土扩展而来，即

$$\begin{cases} \varepsilon_x = \dfrac{(\sigma_x - u_a)}{E} - \dfrac{\mu}{E}(\sigma_y + \sigma_z - 2u_a) + \dfrac{(u_a - u_w)}{H} \\[2mm] \varepsilon_y = \dfrac{(\sigma_y - u_a)}{E} - \dfrac{\mu}{E}(\sigma_z + \sigma_x - 2u_a) + \dfrac{(u_a - u_w)}{H} \\[2mm] \varepsilon_z = \dfrac{(\sigma_z - u_a)}{E} - \dfrac{\mu}{E}(\sigma_x + \sigma_y - 2u_a) + \dfrac{(u_a - u_w)}{H} \end{cases} \tag{8-14}$$

其中，H 是与 $(u_a - u_w)$ 有关的弹性常数。

8.2.4 主、被动土压力系数

对于非饱和土，在图 8-2 所示的自由场中，任意深度处的水平压力可用竖向压力的百分比表示，这个百分比 k 称为非饱和土的土压力系数，即

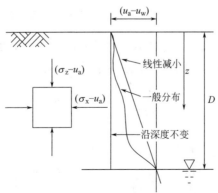

图 8-2 基质吸力沿深度的分布

151

$$k = \frac{(\sigma_x - u_a)}{(\sigma_z - u_a)} \tag{8-15}$$

非饱和土的土压力系数也包括静止、主动和被动土压力系数三种。正常固结的均质、各向同性非饱和土处于 K_0 状态时，水平方向应变为零，即 $\varepsilon_x = \varepsilon_y = 0$ 且 $\sigma_x = \sigma_y$，将它们代入式（8-14）得到

$$(\sigma_x - u_a) = \frac{\mu}{1-\mu}(\sigma_z - u_a) - \frac{E}{(1-\mu)H}(u_a - u_w) \tag{8-16}$$

两边除以 $(\sigma_z - u_a)$ 得到静止土压力系数

$$K_0 = \frac{\mu}{1-\mu} - \frac{E}{(1-\mu)H} \frac{(u_a - u_w)}{g[(u_a - u_w), z]} \tag{8-17}$$

Fredlund 认为，在非饱和土中可用扩展的 Mohr 表示非饱和土的破坏，如图 8-3 所示。其中 φ' 和 φ^b 分别为与净应力和基质吸力有关的内摩擦角。

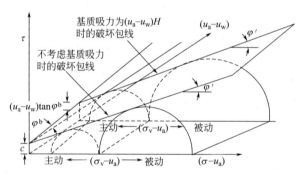

图 8-3　考虑基质吸力时的主动和被动极限 Mohr

当挡土墙向离开土体的方向移动时，在土体中便产生主动土压力，根据扩展 Mohr 的几何关系不难得出极限状态应满足的方程为

$$(\sigma_x - u_a) = (\sigma_z - u_a) \frac{1 - \sin\varphi'}{1 + \sin\varphi'} - 2[c' + (u_a - u_w)\tan\varphi^b] \frac{\cos\varphi'}{1 + \sin\varphi'} \tag{8-18}$$

故主动土压力系数为

$$k_a = \frac{1 - \sin\varphi'}{1 + \sin\varphi'} - 2\frac{c' + (u_a - u_w)\tan\varphi^b}{g[(u_a - u_w), z]} \frac{\cos\varphi'}{1 + \sin\varphi'} \tag{8-19}$$

当挡土墙向着土体一侧移动时，在土体中便产生被动土压力，

根据扩展 Mohr 的几何关系同样可以得到极限状态应满足的方程为

$$(\sigma_{x} - u_{a}) = (\sigma_{z} - u_{a}) \frac{1 + \sin\varphi'}{1 - \sin\varphi'} - 2\left[c' + (u_{a} - u_{w})\tan\varphi^{b}\right] \frac{\cos\varphi'}{1 - \sin\varphi'} \tag{8-20}$$

故被动土压力系数为

$$k_{p} = \frac{1 + \sin\varphi'}{1 - \sin\varphi'} - 2 \frac{c' + (u_{a} - u_{w})\tan\varphi^{b}}{g\left[(u_{a} - u_{w}), z\right]} \frac{\cos\varphi'}{1 - \sin\varphi'} \tag{8-21}$$

由以上各式不难看出，确定非饱和土的土压力系数需要很多参数，包括黏聚力、内摩擦角、两类变形模量、泊松比、基质吸力、剩余饱和度、进气值等，而且由于不同深度的基质吸力和竖向压力不同，土压力系数沿深度是不断变化的。

8.2.5　计算分析与讨论

设土体有关参数分别为 $G_{S} = 2.65$，$e = 0.4$，$\mu = 0.4$，$E/H = 0.15$，$c' = 15\text{kPa}$，$\varphi' = 15°$，$\varphi^{b} = 12°$，$D = 8\text{m}$，地表处基质吸力分别为 100kPa、60kPa、20kPa，$(u_{a} - u_{w})_{b} = 10\text{kPa}$，$\lambda = 1.8$，$s_{r} = 0.2$。由式（8-11）可以得出不同基质吸力对应的土重度，结果见表 8-1。

不同基质吸力对应的重度　　　　　　　　　　　　　表 8-1

基质吸力(kPa)	100	60	20	0
相应重度(kN)	19.15	19.20	19.75	21.35

考虑不同因素的静止土压力系数计算结果如图 8-4 所示，主动和被动土压力系数的计算结果如图 8-5 和图 8-6 所示，各符号和线型的物理意义同图 8-4。

由计算结果可以得出，三种土压力系数在一定条件下都可能达到零，即在一定深度内都可能出现裂缝，压力系数为零的点即裂缝底端。且主动时裂缝深度大于被动时的裂缝深度；基质吸力较大时的裂缝深度也较大；基质吸力沿深度线性减小时的裂缝深度小于基质吸力沿深度不变时的裂缝深度。

各种不同条件下，三种土压力系数均随深度的增加而增大，且逐渐趋向于相同条件下的饱和土的压力系数。可见，当基质吸力沿

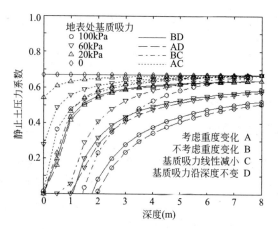

图 8-4　考虑不同因素时的 K_0 与基质吸力和深度的关系

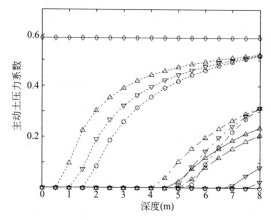

图 8-5　考虑不同因素时的 K_a 与基质吸力和深度的关系

深度线性减小且同时考虑重度的变化时，压力系数随深度的增加最快，这种工况也最接近于实际情况。因此，当超过一定深度时，可以考虑用饱和土的压力系数代替非饱和土的压力系数而不会有太大误差。

　　基质吸力沿深度线性减小时各深度点的土压力系数大于基质吸力沿深度不变时各深度点的土压力系数，且更接近于饱和土的压力系数。由此可以得到，基质吸力沿深度减小得越快，各处的压力系数越接近于饱和土的压力系数。

154

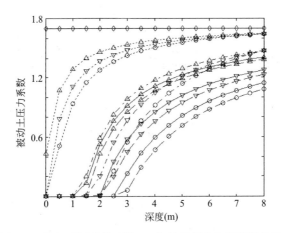

图 8-6 考虑不同因素时的 K_p 与基质吸力和深度的关系

8.3 非饱和土的位移土压力

饱和无黏性土的内摩擦角，黏性土的内摩擦角和黏聚力，以及非饱和黏性土的内摩擦角、吸力摩擦角和黏聚力是随着位移变化逐步发挥的。破坏时的内摩擦角和黏聚力只是极限状态时的特殊值[53]。对于非极限平衡状态的地基和土体，其真实的力学参数随着位移的增大逐步发挥，直至达到极限[54,55]。

8.3.1 滑动摩擦角的逐步发挥

摩擦是一种常见的物理现象，它可以存在于不同物体之间，也可以存在于某一物体内部。比如，质量为 m 的滑块在某一平面上的滑动属于前者，如图 8-7 所示；而土体在受剪过程中随变形发展而表现出来的潜在滑动面两侧的摩擦作用则属于后者。

无论哪种摩擦作用，极限摩擦角只有一个，超过该极限值，体系将丧失稳定。而位移摩擦角（或位移摩擦系数）则可以取 0 到极限摩擦角（或摩擦系数）之间的某个数值。比如图 8-7（a）所示的平面上的滑块，假设其与水平面之间的摩擦系数为 $\tan\alpha$，则当外力 Q 的作用线与竖直线的夹角 $0<\beta<\alpha$ 时，滑块处于非极限平衡静止状态；当 $\beta=\alpha$ 时，滑块处于极限平衡状态；而当 $\beta>\alpha$ 时，滑块则

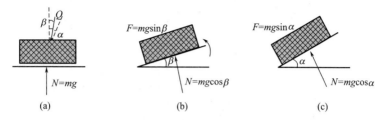

图 8-7　不同物体间摩擦角或摩擦系数的逐步发挥
（a）非极限自锁平衡；（b）非极限斜面平衡；（c）极限平衡

丧失稳定性。显然，在非极限平衡状态下，滑块与平面的实际摩擦角可能等于 0 至 α 之间的任何一个数。

如果滑块位于斜面上，如图 8-7（b）所示，则当斜面倾角 $0<\beta<\alpha$ 时，滑块处于非极限平衡状态；当斜面倾角 β 增大到 $\beta=\alpha$ 时，滑块处于极限平衡状态；当斜面倾角 β 增大到 $\beta>\alpha$ 时，滑块将沿斜面下滑。在倾角逐步增大的过程中，滑块与斜面之间的摩擦系数 $\tan\beta$ 逐步增大，直至达到 $\tan\alpha$。可见，滑块与斜面之间的实际摩擦角随着倾角的增加而逐步增加，并最终达到极限摩擦角。滑块在图 8-7（a）和图 8-7（b）条件下的平衡是一种非极限平衡状态。此时，滑块和平面间的实际摩擦角并非极限摩擦角，变化范围介于 0 与极限摩擦角之间。因此，正常工作状态下，滑块和平面之间的摩擦角并非极限摩擦角，极限摩擦角只是极限平衡状态对应的摩擦角。

8.3.2　挡土结构的位移土压力

既有研究表明，挡土结构受到的土压力与其位移大小紧密相关，并可以用双曲线描述，如图 8-8 所示。

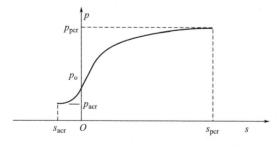

图 8-8　非极限平衡土压力与位移的关系

一般定义挡土结构的位移当向着被支护土体时为正，当远离被支护土体时为负，即

$$p_p - p_0 = \frac{x}{\lambda_1 + \lambda_2 x} \qquad 0 < x \leqslant x_{pcr} \qquad (8\text{-}22)$$

$$p_a - p_0 = \frac{x}{\lambda_3 + \lambda_4 x} \qquad x_{acr} \leqslant x < 0 \qquad (8\text{-}23)$$

其中，p_a 和 p_p 分别为挡土结构远离和向着被支护土体移动时受到的土压力，即非极限平衡主动位移土压力和非极限平衡被动位移土压力，简称主动位移土压力和被动位移土压力，或统称为位移土压力；x_{acr} 和 x_{pcr} 分别为达到主动和被动极限平衡状态时需要的位移；x 为围护结构的实际位移；λ_1、λ_2、λ_3 和 λ_4 分别为与土的性质有关的参数；p_0 为静止土压力。定义 p_{acr} 和 p_{pcr} 为极限主动土压力和极限被动土压力，即常规的主动土压力和常规的被动土压力。

当土的变形较小，即挡土结构的位移非常小时，土体处于弹性平衡状态。也即当 $x \rightarrow 0^-$ 和 $x \rightarrow 0^+$ 时，左右两段曲线的斜率相等且等于水平基床系数 k

$$\lim_{x \rightarrow 0^+} \frac{\mathrm{d}p_p}{\mathrm{d}x} = \lim_{x \rightarrow 0^-} \frac{\mathrm{d}p_a}{\mathrm{d}x} = k \qquad (8\text{-}24)$$

由式（8-22）～式（8-24）得到

$$\lim_{x \rightarrow 0^+} \frac{\lambda_1}{(\lambda_1 + \lambda_2 x)^2} = \lim_{x \rightarrow 0^-} \frac{\lambda_3}{(\lambda_3 + \lambda_4 x)^2} = k \qquad (8\text{-}25a)$$

即

$$\lambda_1 = \lambda_3 = \frac{1}{k} \qquad (8\text{-}25b)$$

当 $x \rightarrow +\infty$ 时，$p_p = p_{pcr}$，即

$$\lambda_4 = \frac{1}{p_{pcr} - p_0} \qquad (8\text{-}26)$$

同理，当 $x \rightarrow -\infty$ 时，$p_a = p_{acr}$，即

$$\lambda_2 = \frac{1}{p_{acr} - p_0} \qquad (8\text{-}27)$$

所以，式（8-22）和式（8-23）可以改写为

$$p_{p} = p_{0} + \cfrac{x}{\cfrac{1}{k} + \cfrac{x}{p_{pcr} - p_{0}}} \qquad 0 < x \leqslant x_{pcr} \qquad (8\text{-}28)$$

$$p_{a} = p_{0} + \cfrac{x}{\cfrac{1}{k} + \cfrac{x}{p_{acr} - p_{0}}} \qquad x_{acr} \leqslant x < 0 \qquad (8\text{-}29)$$

8.3.3 无黏性土的位移内摩擦角

无黏性土的静止土压力 p_{0}、主动极限土压力 p_{acr} 和被动极限土压力 p_{pcr} 分别为

$$p_{0} = k_{0}\sigma_{z} \qquad (8\text{-}30)$$

$$p_{acr} = \sigma_{z}\tan^{2}\left(45° - \frac{\varphi}{2}\right) = k_{a}\sigma_{z} \qquad (8\text{-}31)$$

$$p_{pcr} = \sigma_{z}\tan^{2}\left(45° + \frac{\varphi}{2}\right) = k_{p}\sigma_{z} \qquad (8\text{-}32)$$

其中，σ_{z} 为有效上覆压力，k_{a} 和 k_{p} 为主动和被动土压力系数。对于特定的围压 σ_{z}，基于三轴压缩试验可以得到无黏性土的极限内摩擦角 φ，进而可以得到上覆压力为 σ_{z} 时的被动极限 Mohr 圆 I 和主动极限 Mohr 圆 II，如图 8-9 所示。显然，两个 Mohr 圆的第一主应力和第三主应力分别为 $k_{p}\sigma_{z}$、σ_{z} 和 σ_{z}、$k_{a}\sigma_{z}$。

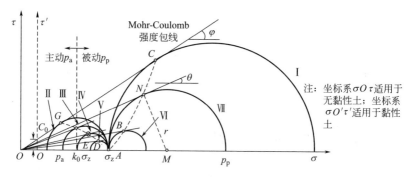

图 8-9　极限、非极限莫尔应力圆及基于位移的力学参数确定

应力圆 IV 对应于 K_{0} 应力状态，其第一主应力和第三主应力分别为 σ_{z} 和 $k_{0}\sigma_{z}$。根据 K_{0} 应力状态的定义，对应的位移 x 应等于 0。实际上，K_{0} 应力状态属于非极限平衡状态的一种。当 x 由 0 逐渐

减小为负值且大于 x_{acr} 时，土体进入非极限平衡主动阶段，Mohr
圆Ⅲ即为某一非极限平衡主动状态对应的应力状态，对应的非极限
平衡主动土压力为 p_a。

当 x 由 0 逐渐增大且小于 x_{pcr} 时，土体进入非极限平衡被动阶
段。当 $p_p < \sigma_z$ 时，非极限平衡被动状态对应的 Mohr 圆半径随着 x
的增大逐渐减小，Mohr 圆 V 即为此阶段的某一状态；当 $p_p > \sigma_z$
时，非极限平衡被动状态对应的 Mohr 圆半径随着 x 的增大而逐渐
增大，如 Mohr 圆Ⅵ和 Mohr 圆Ⅶ对应的状态所示。不同 Mohr 圆
与强度包线的关系以及所处的状态见表 8-2 所列。自坐标原点 O 引
非极限平衡 Mohr 圆的切线，切线与 σ 轴的夹角即表示不同应力状
态对应的位移内摩擦角 θ，其与极限内摩擦角 φ 的关系为 $\theta < \varphi$，定
义 θ / φ 为内摩擦角的发挥程度。因此，$\tan\varphi / \tan\theta$ 可以理解为传统
意义上的安全系数。

Mohr 圆演变过程及极限和非极限平衡状态　　　表 8-2

Mohr 圆	Ⅰ	Ⅱ	Ⅲ	Ⅳ	Ⅴ	Ⅵ	Ⅶ
与强度包线的关系	相切	相切	相离	相离	相离	相离	相离
极限平衡	是	是	非	非	非	非	非
土压力状态	被动	主动	主动	静止	被动	被动	被动

将各切点相连可以得到两条应力路径，分别对应于位移 x 逐渐
减小直至达到主动极限状态和位移 x 逐渐增大直至达到被动极限状
态。其中，主动部分的应力路径对应于曲线 EFG；被动部分的应
力路径包括两部分，EDA 段和 $ABNC$ 段。某一方向上正应力和剪
应力与主应力的关系为

$$\sigma = \frac{1}{2}(\sigma_1 + \sigma_3) + \frac{1}{2}(\sigma_1 - \sigma_3)\cos 2\theta \tag{8-33}$$

$$\tau = \frac{1}{2}(\sigma_1 - \sigma_3)\sin 2\theta \tag{8-34}$$

根据摩擦定律，剪应力 τ 与正应力 σ 的关系为

$$\tan\theta = \frac{\tau}{\sigma} \tag{8-35}$$

对于非极限平衡被动段 $ABNC$，非极限平衡被动土压力 p_p、上覆压力 σ_z 与主应力的关系为

$$\sigma_1 = p_p, \quad \sigma_3 = \sigma_z \tag{8-36}$$

由式（8-33）～式（8-36）可以得到

$$\tan\theta = \frac{(p_p - \sigma_z)\sin(90° + \theta)}{(p_p + \sigma_z) + (p_p - \sigma_z)\cos(90° + \theta)} \tag{8-37}$$

式（8-37）化简后可以得到

$$p_p = \frac{1 + \sin\theta}{1 - \sin\theta}\sigma_z = \tan^2\left(45° + \frac{\theta}{2}\right)\sigma_z \quad ABNC \text{ 段} \tag{8-38a}$$

$$p_p = \frac{1 - \sin\theta}{1 + \sin\theta}\sigma_z = \tan^2\left(45° - \frac{\theta}{2}\right)\sigma_z \quad ADE \text{ 段} \tag{8-38b}$$

对于非极限平衡被动段 ADE 段，非极限平衡被动土压力 p_p、上覆压力 σ_z 与主应力的关系为

$$\sigma_3 = p_p, \quad \sigma_1 = \sigma_z \tag{8-39}$$

对于非极限平衡主动段 EFG 段，同样存在

$$\sigma_3 = p_a, \quad \sigma_1 = \sigma_z \tag{8-40}$$

所以，可以得到

$$p_a = \frac{1 - \sin\theta}{1 + \sin\theta}\sigma_z = \tan^2\left(45° - \frac{\theta}{2}\right)\sigma_z \quad EFG \text{ 段} \tag{8-41}$$

假设某无黏性土的极限内摩擦角 $\varphi = 30°$，则根据以上各式可以得到其非极限平衡内摩擦角 θ 与非极限平衡土压力的关系，结果如图 8-10 所示。

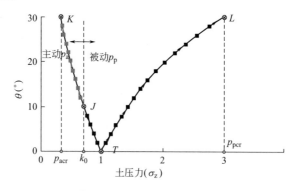

图 8-10　位移内摩擦角与非极限土压力的关系

其中，J 点对应于 K_0 应力状态；L 点对应于极限平衡被动应力状态；K 点对应于极限平衡主动应力状态；T 点对应于球应力状态。可见，当挡土结构由 K_0 状态向着土体方向移动时，非极限平衡位移内摩擦角 θ 将由 J 点开始，先沿着路线 JT 逐渐减小，当到达 T 点后将沿路线 TL 逐渐增大直至达到被动极限平衡状态 L。当挡土结构由 K_0 状态背向土体方向移动时，非极限平衡位移内摩擦角 θ 将由 J 点开始，沿着路线 JK 逐渐增大，到达 K 点后即达到主动极限平衡状态。将式（8-38）和式（8-41）分别代入到式（8-28）和式（8-29），得到位移与非极限平衡位移内摩擦角 θ 的关系。当 $0 < x \leqslant x_{pcr}$ 时，该关系式是一个分段函数且满足 $p_p \geqslant \sigma_z$ 时

$$\tan^2\left(45° + \frac{\theta}{2}\right)\sigma_z = p_0 + \cfrac{x}{\cfrac{1}{k} + \cfrac{x}{p_{pcr} - p_0}} \tag{8-42a}$$

满足 $k_0\sigma_z \leqslant p_p \leqslant \sigma_z$ 时

$$\tan^2\left(45° - \frac{\theta}{2}\right)\sigma_z = p_0 + \cfrac{x}{\cfrac{1}{k} + \cfrac{x}{p_{pcr} - p_0}} \tag{8-42b}$$

当 $x_{acr} \leqslant x < 0$ 时，上述关系可以由式（8-43）进行描述

$$\tan^2\left(45° - \frac{\theta}{2}\right)\sigma_z = p_0 + \cfrac{x}{\cfrac{1}{k} + \cfrac{x}{p_{acr} - p_0}} \tag{8-43}$$

若某一无黏性土的极限内摩擦角 $\varphi = 30°$，则当 $k_0 = 0.4$、$k = 2MN/m^3$、$\sigma_z = 40kPa$ 时，位移内摩擦角 θ 与对应位移的关系如图 8-11 所示。

8.3.4 饱和位移内摩擦角和位移黏聚力

与无黏性土不同，黏性土的强度除了摩擦强度之外还包括黏聚强度，如图 8-9 所示（在坐标系 $\sigma O'\tau'$ 中）。在有效应力条件下，将总抗剪强度扣除摩擦强度即可得到所谓的黏聚强度，即黏聚强度是破坏面在没有任何正应力作用下的抗剪强度。

土的强度包线并不是直线，因此，通过外延直线段找出截距确定黏聚力的方法是不准确的。根据低围压或无围压剪切试验也很难确定黏聚力。所以，纯粹的黏聚力在数值上是难以测定的。土的强

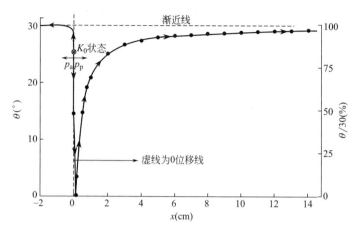

图 8-11　位移内摩擦角与挡土结构主被动位移的关系

度机理非常复杂，影响因素也很多，多数情况下很难将摩擦强度与黏聚强度截然分开。比如饱和黏土的不排水内摩擦角为 $0°$，实际上黏土颗粒间存在摩擦强度，只是由于存在超静孔隙水压力才使得破坏时的有效 Mohr 圆只有一个，从而无法反映摩擦强度。所以，将黏性土的强度区分为摩擦强度和黏聚强度只是基于分析和解决问题的方便，摩擦强度和黏聚强度并无太大实质差别。

为了沿用既有土力学的研究成果，采用黏性土的强度由摩擦强度和黏聚强度两部分组成的假设，并且认为黏聚强度与摩擦强度的发挥程度按相同比例进行，并随挡土结构位移的变化而变化。根据朗肯土压力理论，黏性土的主动极限土压力和被动极限土压力分别为

$$p_{\text{acr}} = \sigma \tan^2 \left(45° - \frac{\varphi}{2}\right) - 2c \tan \left(45° - \frac{\varphi}{2}\right) \tag{8-44}$$

$$p_{\text{pcr}} = \sigma \tan^2 \left(45° + \frac{\varphi}{2}\right) + 2c \tan \left(45° + \frac{\varphi}{2}\right) \tag{8-45}$$

对处于非极限平衡状态下的黏性土，其剪阻力仍由两部分组成，黏聚阻力和摩擦阻力，即

$$\tau = c + \sigma \tan \theta \tag{8-46}$$

根据式（8-33）、式（8-34）、式（8-36）和式（8-46），可以得

到非极限平衡被动段 $ABNC$ 段的公式

$$\tan\theta = \frac{\tau - c}{\sigma} = \frac{(p_{\mathrm{p}} - \sigma_{\mathrm{z}})\sin(90° + \theta) - 2c}{(p_{\mathrm{p}} + \sigma_{\mathrm{z}}) - (p_{\mathrm{p}} - \sigma_{\mathrm{z}})\sin(90° + \theta)} \quad (8\text{-}47)$$

化简后可以得到

$$p_{\mathrm{p}} = \tan^2\left(45° + \frac{\theta}{2}\right)\sigma_{\mathrm{z}} + 2c\tan\left(45° + \frac{\theta}{2}\right) \quad ABNC \text{ 段}$$

$$(8\text{-}48\text{a})$$

对于非极限平衡被动段 ADE 段,同样可以得到

$$p_{\mathrm{p}} = \tan^2\left(45° - \frac{\theta}{2}\right)\sigma_{\mathrm{z}} - 2c\tan\left(45° - \frac{\theta}{2}\right) \quad ADE \text{ 段}$$

$$(8\text{-}48\text{b})$$

同理,可以得到非极限平衡主动状态下 EFG 段的位移参数公式,即

$$p_{\mathrm{a}} = \tan^2\left(45° - \frac{\theta}{2}\right)\sigma_{\mathrm{z}} - 2c\tan\left(45° - \frac{\theta}{2}\right) \quad EFG \text{ 段} \quad (8\text{-}49)$$

将式(8-48)和式(8-49)分别代入到式(8-28)和式(8-29)可以得到隐含位移内摩擦角的关系式。类似于式(8-42),当 $0 < x \leqslant x_{\mathrm{pcr}}$ 时分两种情况:当 $p_{\mathrm{p}} \geqslant \sigma_{\mathrm{z}}$ 时有

$$\tan^2\left(45° + \frac{\theta}{2}\right)\sigma_{\mathrm{z}} + 2c\tan\left(45° + \frac{\theta}{2}\right) = p_0 + \frac{x}{\dfrac{1}{k} + \dfrac{x}{p_{\mathrm{pcr}} - p_0}}$$

$$(8\text{-}50\text{a})$$

当 $k_0\sigma_{\mathrm{z}} \leqslant p_{\mathrm{p}} \leqslant \sigma_{\mathrm{z}}$ 时有

$$\tan^2\left(45° - \frac{\theta}{2}\right)\sigma_{\mathrm{z}} - 2c\tan\left(45° - \frac{\theta}{2}\right) = p_0 + \frac{x}{\dfrac{1}{k} + \dfrac{x}{p_{\mathrm{pcr}} - p_0}}$$

$$(8\text{-}50\text{b})$$

在非极限平衡主动段 EFG 段(即 $x_{\mathrm{acr}} \leqslant x < 0$),有

$$\tan^2\left(45° - \frac{\theta}{2}\right)\sigma_{\mathrm{z}} - 2c\tan\left(45° - \frac{\theta}{2}\right) = p_0 + \frac{x}{\dfrac{1}{k} + \dfrac{x}{p_{\mathrm{acr}} - p_0}}$$

$$(8\text{-}51)$$

设极限抗剪强度参数为 c_0 和 φ(在 $\sigma O'\tau'$ 坐标系中),如图 8-9

所示。反方向延长极限破坏包线并与 σ 轴相交于 O 点，如果以 O 点为坐标原点建立辅助坐标系，则 $\sigma O'\tau'$ 坐标系中黏性土的应力状态等同于坐标系 $\sigma O\tau$ 中无黏性土的应力状态。因此，黏性土非极限平衡位移内摩擦角可以按无黏性土非极限平衡状态时的等效情况得出。另外，根据图 8-9，不难得出位移黏聚力与位移内摩擦角存在如下依存关系

$$c = c_0 \cot\varphi \tan\theta \qquad (8\text{-}52)$$

将式（8-52）代入到式（8-50）和式（8-51）中，可以得到位移内摩擦角或位移黏聚力与位移的关系，并可进一步计算出不同位移时黏聚力和内摩擦角的发挥程度。考虑极限内摩擦角 $\varphi = 30°$、$c_0 = 10\text{kPa}$ 的黏性土，假设 $k_0 = 0.4$、$k = 2\text{MN/m}^3$、$\sigma_z = 40\text{kPa}$，则位移内摩擦角 θ 与对应的非极限平衡主、被动位移的关系如图 8-12 所示。其中，系列 1、系列 2 分别表示 θ/φ、c/c_0 随位移的变化过程。

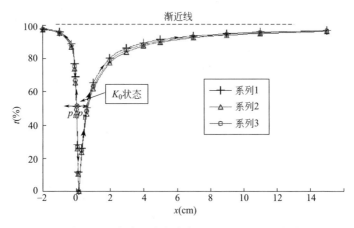

图 8-12 非极限平衡位移内摩擦角和位移黏聚力与位移的关系

8.3.5 计算方法

非饱和土的抗剪强度由三部分组成，即

$$\tau_0 = c_0 + \sigma_z \tan\varphi + s \tan\varphi^b \qquad (8\text{-}53a)$$

式（8-53a）可以改写为

$$\tau_0 = c_s + \sigma \tan\varphi \qquad (8\text{-}53b)$$

　　其中，$c_s = c_0 + s\tan\varphi^b$，这里称之为非饱和土黏聚力。可见，该式是基于 Mohr-Coulomb 强度准则建立起来的，Fredlund 称之为非饱和土扩展的 Mohr-Coulomb 强度准则，该准则在 $\sigma s \tau$ 应力空间中为一平面，如图 8-13 所示。

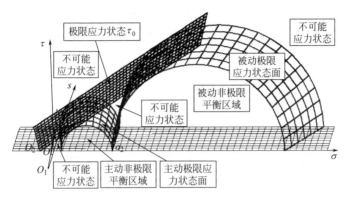

图 8-13　非饱和土的抗剪强度及应力空间不同区域的应力状态

　　显然，τ_0 平面与 $s = 0$ 平面的交线为饱和状态的 Mohr-Coulomb 强度包线。当上覆压力 σ_z 一定时，对于饱和土，主动和被动极限应力圆的半径是一个定值；而对于非饱和土，随基质吸力增大，主动和被动极限应力圆的半径越来越大。其中，所有处于被动极限平衡状态的 Mohr 组成极限被动应力状态面；所有处于主动极限平衡状态的 Mohr 组成极限主动应力状态面。可见，两个极限应力状态面相切于 $\sigma = \sigma_z$ 平面，它们与平面 $s = \kappa$（κ 为不小于 0 的任何常数）的交线为圆形，且该截圆的半径随着基质吸力的增大而增大。

　　由图 8-13 可以得出，在极限被动应力状态面和极限主动应力状态面以内的区域都是稳定的；位于这两个曲面上的应力状态处于极限平衡状态；其他区域则是不可能应力状态。可见，极限应力状态 τ_0 面、极限被动应力状态面和极限主动应力状态面将 σ-s-τ 应力上半空间划分为若干区域，这些区域包括主动和被动非极限平衡应力状态区域、主动极限应力状态面和被动极限应力状态面以及数个不可能应力状态区域。当主、被动应力达到极限应力状态时，体系处于极限平衡状态；当主、被动应力处于非极限平衡应力状态时，体系则处于非极限平衡状态。处于正常工作状态的挡土结构一般情况下均处于非极限平衡状态，即处于图 8-13 中两个非极限平衡区域中的其中一个。

当处于极限平衡状态时，非饱和黏性土的强度由三部分组成，如式（8-53）所示；对于非极限平衡条件下的非饱和黏性土，剪阻力仍由三部分组成（凝聚阻力、摩擦阻力、基质吸力诱导的阻力），即

$$\tau = c_1 + \sigma_z \tan\theta + s \tan\theta^b \qquad (8\text{-}54\text{a})$$

$$\tau = c + \sigma_z \tan\theta \qquad (8\text{-}54\text{b})$$

这里

$$c = c_1 + s \tan\theta^b = c_1 + c_2 \qquad (8\text{-}55)$$

根据饱和状态黏聚强度与内摩擦角的关系式式（8-52），可以得到

$$c_1 = c_0 \cot\varphi \tan\theta \qquad (8\text{-}56)$$

而 $c_2 = s_a \tan\theta^b$，其中 θ^b 称为位移吸力内摩擦角。类似于式（8-52），反方向延长 0 围压、基质吸力变化时破坏面上的极限破坏包线，与基质吸力负方向相交于 O_1 点，则 θ^b 可以由图 8-14 得到

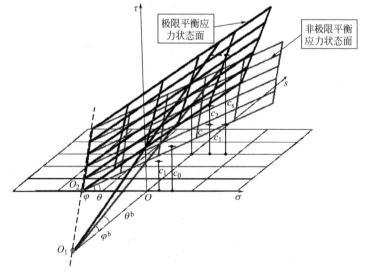

图 8-14　极限平衡应力状态面与非极限平衡应力状态面的关系

$$\tan\theta^b = \frac{c_1}{c_0}\tan\varphi^b \tag{8-57}$$

将式（8-56）代入到式（8-57）可以得到

$$\tan\theta^b = \frac{\tan\theta\tan\varphi^b}{\tan\varphi} \tag{8-58}$$

所以，由非饱和吸力诱导的黏聚力 c_2 为

$$c_2 = s\frac{\tan\theta\tan\varphi^b}{\tan\varphi} \tag{8-59}$$

将式（8-56）和式（8-59）代回式（8-55）后得到

$$c = c_0\cot\varphi\tan\theta + s\frac{\tan\theta\tan\varphi^b}{\tan\varphi} \tag{8-60}$$

根据式（8-56）、式（8-58）和式（8-60）可知，当某一土体的极限强度参数 c_0、φ、φ^b 确定后，实际的位移黏聚力 c、位移内摩擦角 θ 和位移吸力内摩擦角 θ^b 之间存在依存关系，即已知其中一个参数即可确定另外两个。因此，可以得出非饱和土非极限平衡状态的应力状态面。该平面在 τ 轴上的截距为 c、与 σ 轴的夹角为 θ、与基质吸力 s 轴的夹角为 θ^b。

不同的位移参数 c、θ 和 θ^b 对应于不同的非极限应力状态面，这些应力状态面与极限应力状态面具有相同的交线 O_1O_2，即所有非极限应力状态面都是由极限应力状态面绕 O_1O_2 轴旋转而来。因而，非极限位移力学参数 c、$\tan\theta$ 和 $\tan\theta^b$ 是按照相同的比例逐步发挥的。

图 8-15 是挡土结构在土体处于非饱和状态时，不同应力状态面的相互关系。其中，曲面Ⅲ为不考虑吸力作用对剪阻力的分担作用时，非极限平衡被动应力状态面，该曲面与平面 $s=\kappa$（κ 为不小于 0 的任何常数）的交线为直径不变的圆，即曲面Ⅲ为圆柱面。当考虑非饱和土的基质吸力对剪阻力的分担作用时，非极限平衡被动应力状态变为曲面Ⅰ，该曲面与极限应力状态面相切，与平面 $s=\kappa$ 的交线为圆，半径随吸力增大而逐渐增大。

同理，曲面Ⅳ为不考虑吸力作用时，随吸力变化非饱和土的非极限平衡主动应力状态面，该曲面与平面 $s=\kappa$ 的交线也是直径不变的圆，即曲面Ⅳ也为圆柱面。当考虑吸力对剪阻力的分担作用

时，非极限平衡主动应力状态面变为曲面Ⅱ，该曲面也与极限应力状态面相切，且与平面 $s=\kappa$ 的交圆半径也随吸力的增大而增大。当 $\varphi^b=20°$ 时，位移黏聚力和两个位移内摩擦角的发挥过程如图 8-12所示。其中，系列 3 表示 θ^b/φ^b 随位移的发挥过程。

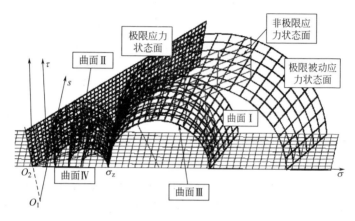

图 8-15　非饱和土的极限、非极限应力状态面与位移应力状态

基于摩擦定律、土压力与位移的双曲线模型、饱和土的 Mohr-Coulomb 强度准则，采用应力路径分析方法，给出了非极限平衡条件下无黏性土的位移内摩擦角随位移或土压力变化的演变过程。然后，基于位移内摩擦角和位移黏聚力按比例同步发挥假设，导出了两个参数与非极限平衡土压力和位移的关系。在此基础上，结合 Fredlund 扩展的 Mohr-Coulomb 强度准则和基于位移的力学参数同步发挥假设，建立了非极限平衡条件下，非饱和土的位移内摩擦角、位移吸力内摩擦角和位移黏聚力与土压力或位移的关系。研究表明，该表达式能合理刻画基于位移的土力学参数随位移变化而变化的物理本质。该项研究对进一步探讨如何合理评估挡土结构的工作状态、工作性能、安全储备等课题具有理论和实际意义。当然，由于非极限平衡问题的复杂性、多孔介质材料力学性能与其水力学性能的依赖性以及非饱和土吸力与强度关系影响因素的多样性，进行多因素、多水平的室内试验、模型试验和有限元模拟是下一步需要着重开展的研究工作。

第9章　基坑工程中的原状土

基坑工程问题是典型的（原状）土与结构相互作用问题，且除非破坏，一般均处于非极限平衡状态。目前，常用的计算方法大致有四类。一是古典板桩计算理论，此类方法不考虑墙体变位，并认为土压力已知；二是弹性地基梁理论，此类方法认为板桩变位为弹性变位，并认为土压力分布已知；三是弹性变形理论，土压力随墙体变位而变化；四是非线性变形理论[8]，此类方法考虑土体的非线性特性和墙体的变位和变形。另外，还有基于模糊理论和优化理论的方法等。

9.1　竖向弹性板桩支撑开挖

基于弹性理论，利用单元间的变位、转角、弯矩和剪力连续条件，并借鉴复杂条件下 Winkler 地基梁的解析解，建立板桩结构在无支撑开挖和盖挖逆作施工中的求解方法。该法不需要迭代，且能得到任意截面的变位、转角、弯矩和剪力表达式。

9.1.1　模型和算法

建立如图 9-1 所示的模型，并假设：①地基水平抗力系数假定为常数；②在计算的初始状态，墙体没有变位，初始土压力按静止土压力考虑；③墙体、地基均为理想弹性体；④在盖挖逆作施工过程中，水平支撑为固定铰支座；⑤板桩不同深度处的水平基床系数 k_i 和墙体刚度 EI，根据具体地质条件，分段不同；⑥不考虑因墙体水平位移而产生的地基在垂直和水平方向的拱作用。

在未开挖侧，静止土压力沿深度的分布采用分段线性分布模式，即

$$q_{i0} = a_i + b_i x \qquad (9-1)$$

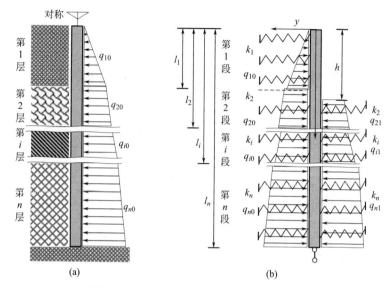

图 9-1　基于理想弹性理论的板桩计算模型

(a) 开挖前；(b) 开挖过程中

在开挖侧，开挖和未开挖范围内的土压力分别为

$$q_{i1} = 0 \tag{9-2}$$

$$q_{i1} = a_i + b_i(x - h) \tag{9-3}$$

因此，作用于板桩上的土压力在开挖深度范围内和未开挖深度范围内分别为

$$q_i = q_{i0} - q_{i1} = a_i + b_i x \tag{9-4a}$$

$$q_i = q_{i0} - q_{i1} = b_i h \tag{9-4b}$$

弯矩与位移之间存在关系式

$$EIy'' = -M \tag{9-5}$$

连续两次求导，并取 1m 为计算宽度，得到

$$EIy^{(4)} = -p - q_i \tag{9-6}$$

对于挖出段 i，即深度 h 范围内的墙段，只在左侧有土弹簧作用，因此 $k = k_i$，即

$$y^{(4)} + 4\lambda^4 y = -q_i \tag{9-7}$$

所以，土体挖出段板桩的变位方程为

$$y_i = \mathrm{e}^{\lambda_i x}(a_{i1}\cos\lambda_i x + a_{i2}\sin\lambda_i x) + \mathrm{e}^{-\lambda_i x}(a_{i3}\cos\lambda_i x + a_{i4}\sin\lambda_i x) - \frac{q_i}{k_i}$$

$$(9\text{-}8)$$

在土未挖出段，由于土弹簧存在初始压缩，当板桩发生变位时，内外两侧土弹簧压缩量均发生变化，而且一侧土弹簧的压缩量（伸长量）等于另一侧土弹簧的伸长量（压缩量）。未挖出段两侧土弹簧的作用可以合并为一侧土弹簧作用，水平抗力系数按 $2k_i$ 计算。所以，板桩的微分方程为

$$y^{(4)} + 8\lambda^4 y = -q_i \tag{9-9}$$

求解后得到

$$y_i = \mathrm{e}^{\hat{\lambda}_i x}(a_{i1}\cos\hat{\lambda}_i x + a_{i2}\sin\hat{\lambda}_i x) + \mathrm{e}^{-\hat{\lambda}_i x}(a_{i3}\cos\hat{\lambda}_i x + a_{i4}\sin\hat{\lambda}_i x) - \frac{q_i}{2k_i}$$

$$(9\text{-}10)$$

其中，$\hat{\lambda} = \sqrt[4]{2}\lambda$。根据连续性条件，第 i 墙单元和第 $i+1$ 墙单元在节点 i 处，即在 $x = l_i$ 处，应满足挠度 w、转角 θ、弯矩 M 和剪力 V 共 4 个协调条件，即

$$y_i = y_{i+1} \qquad y_i' = y_{i+1}' \qquad y_i'' = y_{i+1}'' \qquad y_i''' = y_{i+1}''' \tag{9-11}$$

由于是无支撑开挖，在板桩顶端，弯矩和剪力均为 0，即式（9-8）的二阶和三阶导数均为 0

$$\mathrm{e}^{\lambda_1 x}(-a_{11}\sin\lambda_1 x + a_{12}\cos\lambda_1 x) + \mathrm{e}^{-\lambda_1 x}(a_{13}\sin\lambda_1 x - a_{14}\cos\lambda_1 x) = 0$$

$$(9\text{-}12a)$$

$$\mathrm{e}^{\lambda_1 x}[a_{12}(\cos\lambda_1 x - \sin\lambda_1 x) - a_{11}(\sin\lambda_1 x + \cos\lambda_1 x)] +$$

$$\mathrm{e}^{-\lambda_1 x}[a_{13}(\cos\lambda_1 x - \sin\lambda_1 x) + a_{14}(\cos\lambda_1 x + \sin\lambda_1 x)] = 0$$

$$(9\text{-}12b)$$

进一步可以得到

$$a_{12} - a_{14} = 0 \qquad -a_{11} + a_{12} + a_{13} + a_{14} = 0 \tag{9-13}$$

在板桩底端，弯矩和剪力也均为 0，所以在 $x = l$ 处，式（9-10）的二阶和三阶导数均为 0，即

$$\mathrm{e}^{\hat{\lambda}_n l}[a_{n2}(\cos\hat{\lambda}_n l - \sin\hat{\lambda}_n l) - a_{n1}(\sin\hat{\lambda}_n l + \cos\hat{\lambda}_n l)] +$$

$$\mathrm{e}^{-\hat{\lambda}_n l}[a_{n3}(\cos\hat{\lambda}_n l - \sin\hat{\lambda}_n l) + a_{n4}(\cos\hat{\lambda}_n l + \sin\hat{\lambda}_n l)] = 0$$

$$(9\text{-}14a)$$

$$\mathrm{e}^{\hat{\lambda}_n l}(-a_{n1}\cos\hat{\lambda}_n l - a_{n2}\sin\hat{\lambda}_n l) - \mathrm{e}^{-\hat{\lambda}_n l}(a_{n3}\cos\hat{\lambda}_n l + a_{n4}\sin\hat{\lambda}_n l) = 0$$

$$(9\text{-}14\mathrm{b})$$

采用 7.4 或 7.5 中的计算方法，可以得到该问题的解。

9.1.2 计算分析与讨论

在盖挖逆作施工中，在没有底板支撑作用的板桩单元之间，单元之间的连续性条件依然满足式（9-11）。相对于板桩，楼板一般较薄，楼板支撑可以作为铰支座来处理。在地面处，楼板支撑简化为固定铰支座。而对于地面高程以下的地下室楼板，在楼板施工前，由于上部土体开挖，土体和板桩已经产生一定程度的变位 y_0。所以，地下室楼板处的铰支座应该简化为有确定水平位移的铰支座。所以，在地面楼板处，水平变位为 0，弯矩也为 0，相应的式（7-61）为

$$\widetilde{\Delta}_{12} = \begin{bmatrix} \alpha_{12} & \beta_{12} & \xi_{12} & \zeta_{12} \\ \alpha''_{12} & \beta''_{12} & \xi''_{12} & \zeta''_{12} \end{bmatrix} = \begin{bmatrix} 1 & 0 & 1 & 0 \\ 0 & 1 & 0 & -1 \end{bmatrix} \quad (9\text{-}15)$$

在地下室楼板支撑处，板桩单元 i 下侧截面和板桩单元 $i+1$ 上侧截面的变形矩阵满足两个截面的变位已知条件 y_0，并满足转角、弯矩连续性条件，所以式（7-64）与式（7-65）组成的 4×8 子矩阵在式（7-58）中应为

$$[\Delta_{i1} - \Delta_{(i+1)2}] = \begin{bmatrix} \alpha_{i1} & \beta_{i1} & \xi_{i1} & \zeta_{i1} & 0 & 0 & 0 & 0 \\ \alpha'_{i1} & \beta'_{i1} & \xi'_{i1} & \zeta'_{i1} & -\alpha'_{(i+1)2} & -\beta'_{(i+1)2} & -\xi'_{(i+1)2} & -\zeta'_{(i+1)2} \\ \alpha''_{i1} & \beta''_{i1} & \xi''_{i1} & \zeta''_{i1} & -\alpha''_{(i+1)2} & -\beta''_{(i+1)2} & -\xi''_{(i+1)2} & -\zeta''_{(i+1)2} \\ 0 & 0 & 0 & 0 & \alpha_{(i+1)2} & \beta_{(i+1)2} & \xi_{(i+1)2} & \zeta_{(i+1)2} \end{bmatrix}$$

$$(9\text{-}16)$$

式（7-60）中的相应部分应作如下调整，即

$$[e_{i1} \quad e_{i2} \quad e_{i3} \quad e_{i4}] \rightarrow [y_{i0} \quad e_{i2} \quad e_{i3} \quad y_{i0}] \quad (9\text{-}17)$$

设某板桩深 H 为 15m，厚度 D 为 0.6m，混凝土 $E = 3\times10^{10}$ Pa。土层分 4 层，各层土静止土压力系数分别为 0.25、0.3、0.25、0.4；水平抗力系数按常数法考虑，如图 9-2 所示。各层土的重度 $\gamma = 20$kN/m^3，不考虑地下水作用。求无支撑开挖过程中，板桩的变位曲线和内力分布。

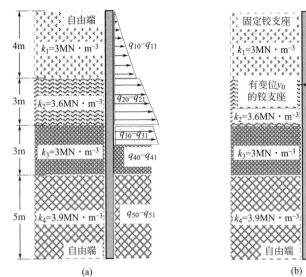

图 9-2 土层分布及等效荷载计算

（a）无支撑开挖；（b）盖挖逆作开挖

在地面处有楼板层，开挖至 4m 和 8m 后也分别设置地下室楼板，且楼板可以按横向铰支撑处理，求开挖过程中，板桩的变位曲线和内力分布（每开挖 1m 计算一次）。

得到无支撑开挖和盖挖逆作施工过程中，板桩的变位曲线、转角、弯矩和剪力分布，如图 9-3 和图 9-4 所示。其中，曲线 a、b、c、d、e、f、g、h 分别表示开挖深度为 1m、2m、3m、4m、5m、6m、7m、8m 时，各指标沿深度的分布。

从图 9-3（a）可以看出，在无支撑开挖过程中，板桩除了发生弯曲变形外，还有相当程度的刚体位移和旋转。采取有效措施减小这种刚体运动，是基坑开挖必须考虑的问题之一。而板桩本身的强度一般都足够大，所以，提高板桩混凝土的强度对提高基坑稳定性和减小变位效果不大。从图 9-3（c）和图 9-3（d）可以看出，剪力在开挖面处出现极值点；弯矩在开挖面附近达到最大。从图 9-4 可以看出，由于有横向支撑作用，地面处水平变位为 0。由于第一层楼板在 −4m 处，所以当开挖深度大于 4m 时，该点的水平变位保

173

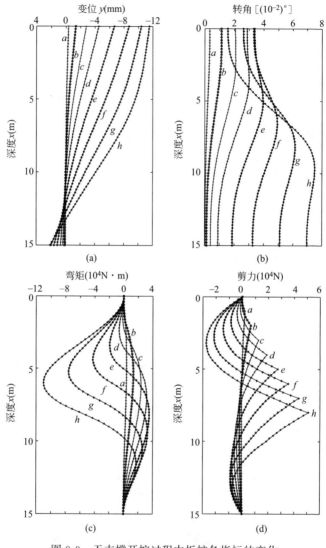

图 9-3　无支撑开挖过程中板桩各指标的变化
（a）变位；（b）转角；（c）弯矩；（d）剪力

持不变，为 -3.8mm（P_1 点）。在开挖过程中，板桩的变位持续发展，而且地面以下各楼板在浇筑时就存在"安装误差"，包括初始转角误差和位移误差。从图 9-4（c）可以看出，盖挖逆作施工中，

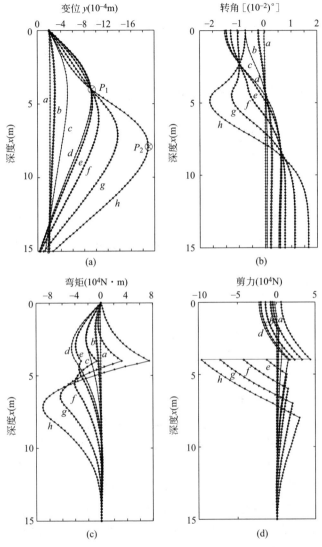

图 9-4 盖挖逆作施工过程中板桩各指标的变化

(a) 变位；(b) 转角；(c) 弯矩；(d) 剪力

板桩承受的正负弯矩绝对值相差不大，内力状态较图 9-3 （c）中的内力状态更为合理。根据图 9-4 （d），在支撑点 P_1 处，板桩受到的推力远远大于在地面楼板处受到的推力。

9.2 反压土对悬臂式支护结构嵌固深度的影响

在软土地区的基坑工程中，经常需要采取各种措施以提高被动区的水平抗力[56]。目前，常用的方法包括地基处理方法（被动区加固）和预留反压土等。在条件允许的情况下，可以优先考虑采用坑内预留反压土的施工方法，以增强坑内土体对挡土结构的支撑作用。预留反压土的施工方法，不但可以省去水平支撑，减小桩、墙等支护结构的变形、位移和内力，而且可以缩短支护结构的嵌固深度[57]。特别是对大型基坑，采用反压土可取得良好的经济效益、社会效益和环境效益。在现行《建筑基坑支护技术规程》JGJ 120—2012（简称《规程》）中，各种基坑支护形式均没有涉及反压土的设计、计算、施工等问题。

9.2.1 作用机理

根据《规程》规定，排桩、地下连续墙等支护结构均可采用弹性抗力法计算嵌固深度、位移和内力，并规定作用在结构上的荷载为挡土墙主动侧的土压力与水压力，通常假定其在开挖面以上呈三角形分布，在开挖面以下呈矩形分布，并在整个计算过程中水、土压力保持不变。基坑内侧土体对支护结构的水平抗力按照被动土压力计算。支护结构的最小嵌固深度，由基坑外侧土体的水平荷载和基坑内侧的水平抗力对支护结构底端的力矩平衡条件控制。

图 9-5 是基坑开挖存在反压土作用时的计算模型。可见，反压土至少存在两方面的作用。①由于反压土本身的重力作用，可以增大坑底土体受到的竖向应力，根据土压力理论，这个竖向应力可以使坑底土体的水平抗力增大；②反压土可以提供开挖深度 z_0 范围内一定的水平抗力，从而对开挖深度范围内的支护结构起到一定的嵌固作用。这是反压土能缩短挡土结构嵌固深度，减小挡土结构内力、变形和位移的两个主要因素。而在现行《规程》中，第二方面的作用被忽略了。

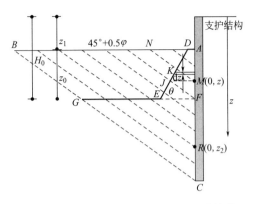

图 9-5　基坑开挖存在反压土作用时的计算模型

9.2.2　反压土的嵌固作用

在图 9-5 所示的计算模型中，梯形 $ADEF$ 为基坑开挖侧预留的反压土，其坡角和高度分别为 θ 和 z_0；三角形 CGF 为被动区土体；基坑深度为 H_0；支护结构左侧实际存在的土体为多边形 $ADEGC$；梯形 $BGED$ 为挖去土体。与悬臂无反压土相比，反压土施工方法可以明显降低支护结构的嵌固深度，降低幅度和多边形 $ADEGC$ 与三角形 ABC 的面积之比有关。

取反压土的一个微层 dz 进行研究。根据弹性抗力法的基本假设，该计算单元受到的荷载为梯形分布荷载，如图 9-6（a）所示。实际上，反压土的坡角 θ 一般较大，且在内力和稳定性分析中以支护结构与土体界面处的应力状态（即直线 AC 上各点的应力状态）为依据。因此，AC 线上各点的应力状态就成为研究的重点。有限元分析表明，对于一般常用的反压土坡角 θ，AC 线上任一点 M 受到的竖向压力与等值均布荷载作用下荷载中点受到的竖向压力基本一致，且计算结果偏于保守，如图 9-6（b）所示。在图 9-6 中，l 和 p 的计算公式如下

$$l = l_1 + l_2 \tag{9-18}$$

$$p = \frac{0.5 p_0 l_1 + p_0 l_2}{l_1 + l_2} \tag{9-19}$$

设反压土顶宽为 b_0，则 M 点处反压土的宽度 b 为

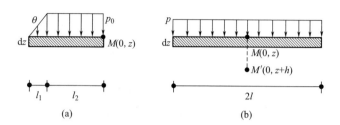

图 9-6　竖向压力的简化计算

$$b = b_0 + (z - z_1)\cot\theta \tag{9-20}$$

由于上覆土层的自重压力，M 点所在的水平面受到的竖直压力 p 可近似表示为

$$p = \frac{\gamma S_{\mathrm{ADJM}}}{b} = \frac{2b_0 + (z - z_1)\cot\theta}{2b_0 + 2(z - z_1)\cot\theta}(z - z_1)\gamma \tag{9-21}$$

式中，γ 为土的重度。因此，在基坑开挖面高度（平面 EF）处，反压土的自重压力为

$$p_0 = \frac{2b_0 + z_0\cot\theta}{2b_0 + 2z_0\cot\theta}z_0\gamma \tag{9-22}$$

根据 Boussinesq 解答，在均布条形荷载 p 作用下，中点下深度为 h 的某一点 M' 受到的竖直方向和水平方向的附加应力可以分别表示为

$$\sigma_z = \frac{p}{\pi}\left[2\arctan\frac{1}{2\lambda} + \frac{4\lambda(4\lambda^2 + 1)}{(4\lambda^2 - 1)^2 + 16\lambda^2}\right] \tag{9-23}$$

$$\sigma_x = \frac{p}{\pi}\left[2\arctan\frac{1}{2\lambda} - \frac{4\lambda(4\lambda^2 + 1)}{(4\lambda^2 - 1)^2 + 16\lambda^2}\right] \tag{9-24}$$

其中

$$\lambda = \frac{h}{2b} \tag{9-25}$$

式中，h 为 R 点到坑底 F 点的距离，即 $h = z_2 - H_0$。当 $h = 0$ 时，可以得到 M 点处的水平附加压力 σ_x 和竖直附加压力 σ_z，并且均等于上覆土体的自重，即

$$\sigma_x = \sigma_z = p \tag{9-26}$$

以上解答实际上是弹性半空间体受分布荷载作用时平面应变问

题的解答。考虑到反压土具有一定的宽度，即左侧存在临空区而并非半无限体，有必要引入一个大小与反压土形状有关的形状系数 α（形状折减系数）。这个系数应能反映反压土的几何形状与支护结构嵌固深度、位移和内力之间的内在力学关系。

根据滑移线场理论，当土的内摩擦角 φ 相等时，不同深度处的滑移线是一系列平行直线，且滑移线与水平线的夹角为（$45°-0.5\varphi$），如图 9-5 中的斜虚线所示。比如，经过点 M 的滑移线应该为线段 MN，即 MN 范围内的土体都对上层土体的滑移有阻碍作用。由于基坑开挖，实际上只有 KM 段的土体产生摩擦力。因此，反压土对支护结构的抗力作用，以及由此引起内力和位移计算应该考虑这一影响。显然，M 点水平抗力的最大发挥程度由线段 KM 与线段 NM 的相对关系决定，并有

$$\alpha = \frac{S_{ADKM}}{S_{ANM}} = 1 - \frac{S_{DNK}}{S_{ANM}} \tag{9-27}$$

其中，S_{ADKM} 为多边形 $ADKM$ 的面积；S_{ANM}、S_{DNK} 和 S_{ANM} 分别为三角形 ANM、DNK 和 ANM 的面积。因此，考虑反压土作为建筑材料时，其自身可提供的基坑内侧抗力标准值 e_{pjk}^1 可以表示为

$$e_{pjk}^1 = \alpha\beta\sigma_x \tag{9-28}$$

式中，β 为松弛修正系数，用来反映由左侧临空面引起的变形和流变对水平抗力的影响。可以根据土质条件、反压土顶宽、坡度、降水效果、工期，并结合经验综合确定，一般可取 $0.5\sim1.0$。土质好、反压土顶宽大、坡度缓、降水效果好、工期短时可取较大值；反之则取较小值。

值得提出的是，反压土能提供的水平抗力范围包括支护结构内侧所有与坑内土体接触的区域，即 AC 全长范围。对于基坑开挖面以上的任意一点 M，σ_x 由该点之上的土体自重确定，可由式（9-26）得到；对于基坑开挖面以下的任意一点 R，σ_x 由反压土 $ADEF$ 的自重确定，即由式（9-24）确定。

9.2.3 反压土对坑底土体抗力的增强作用

由于反压土具有重力作用，因此，坑底土体承受的竖向压力不

但包括自重，还包括上部土体传递而来的反压土重力。根据 Rankine 土压力理论，并参照《规程》中关于对基坑外侧附加荷载的相关计算规定，可以得出竖向压力的增大必然使土体提供更大的被动土压力，从而加大坑底土体对支护结构的水平抗力，进一步强化基坑土体对支护结构的嵌固作用。因此，有反压土作用时，基坑内某一深度处的竖向压力 σ_{pjk} 由两部分组成，即上覆土层传递而来的反压土重力 σ_z 和坑内土体自重 $\gamma_{mj}z_j$，即

$$\sigma_{pjk} = \gamma_{mj}z_j + \sigma_z \tag{9-29}$$

式中，γ_{mj} 为第 j 层土的重力密度；z_j 为第 j 层土的厚度。因此，由反压土的自重作用引起的坑底土体的水平抗力标准值 e_{pjk}^2 为

$$e_{pjk}^2 = \sigma_z K_{pj} \tag{9-30}$$

式中，$K_{pj} = \tan(45° + 0.5\varphi_{jk})$。另外，根据 Rankine 土压力理论，坑底土体自身的水平抗力标准值 e_{pjk}^3 为

$$e_{pjk}^3 = \gamma_{mj}z_j K_{pj} + 2c_{jk}\sqrt{K_{pj}} \tag{9-31}$$

式中，c_{jk} 和 φ_{jk} 为第 j 土层的固结不排水强度指标。坑底土体能提供的总水平抗力标准值为

$$e_{pjk}^2 + e_{pjk}^3 = \sigma_{pjk}K_{pj} + 2c_{jk}\sqrt{K_{pj}} = (\gamma_{mj}z_j + \sigma_z)K_{pj} + 2c_{jk}\sqrt{K_{pj}} \tag{9-32}$$

9.2.4 嵌固深度的确定

根据《规程》规定，悬臂式排桩、地下连续墙嵌固深度设计值按下式确定

$$h_p \sum E_{pj} - 1.2\gamma_0 h_a \sum E_{ai} \geqslant 0 \tag{9-33}$$

式中，$\sum E_{pj}$、h_p 分别为基坑内侧各土层水平抗力的合力、合力作用点至支护结构底端的距离，其值根据前文给出的方法计算；γ_0、$\sum E_{ai}$ 和 h_a 分别为基坑重要性系数、基坑外侧各土层水平荷载标准值之和、合力作用点至支护结构底端的距离，其值根据《规程》有关规定确定。

嵌固深度是未知的，滑移面的位置也是未知的，式（9-33）中的各参数除了重要性系数之外都是待定的。因此，嵌固深度的确定是一个循环过程，即需要通过逐步试算确定。基于 Matlab 软件，

笔者编写了相应的求解程序。

9.2.5 算例计算与分析

某基坑采用地下连续墙作为支护结构，主动区和被动区土体均为性质相同的黏性土，其三轴固结不排水强度指标标准值为 $c_{ik}=15\mathrm{kPa}$、$\varphi_{ik}=20°$，基坑重要性系数 $\gamma_0=1$。该基坑开挖深度为 10m，预留反压土顶宽为 1m，高为 7m，采用护坡措施后反压土坡角 $\theta=60°$，基坑内外土的天然重度均为 $\gamma_{mj}=20\mathrm{kN/m^3}$。试确定该地下连续墙支护结构的嵌固深度。根据《规程》方法，计算得到的坑底 11m 范围内的主动土压力分布如图 9-7 所示。当仅考虑反压土的重力作用而不考虑反压土的嵌固作用时，坑底土体的被动土压力来源于两部分竖向压力 σ_z 和 $\gamma_{mj}z_j$。

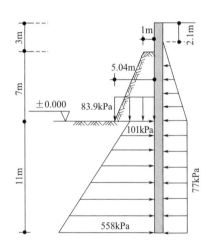

图 9-7 算例剖面图及《规程》方法确定的水平荷载和抗力

在基坑开挖面处 $p_0=83.9\mathrm{kPa}$。根据式（9-23）可以得到 σ_z 在不同深度的分布，其结果如图 9-8 所示。坑底土体的自重压力和总竖向压力的分布曲线也分别以不同的曲线示出。

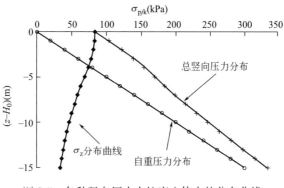

图 9-8　各种竖向压力在坑底土体中的分布曲线

9.3　非饱和反压土对支护结构的影响

由于降水作用，不仅反压土处于非饱和状态，甚至一定深度范围内的坑底土体也处于非饱和状态。而在现行《规程》中，各种支护形式均没有涉及非饱和反压土问题。

9.3.1　作用机理

根据《规程》规定，排桩、地下连续墙等支护结构的嵌固深度由弯矩平衡条件确定；位移和内力采用弹性抗力法进行计算。作用在支护结构上的荷载为支护结构主动侧的土压力与水压力，在开挖面以上呈三角形分布，在开挖面以下呈矩形分布。基坑内侧土体的水平抗力按被动土压力计算。考虑降水作用及其引起的非饱和性时，基坑开挖反压土计算模型如图 9-9 所示。另外，基质吸力的分布有多种假设，这里采用沿深度线性变化的分布模式。

在图 9-9 中，梯形 $ADEF$ 为开挖侧的反压土，其坡角和高度分别为 θ 和 z_0。三角形 CGF 为常规被动区土体，基坑深度为 H_0。支护结构左侧实际存在的土体为多边形 $ADEGC$，梯形 $BGED$ 为挖去土体。z_2 为由于降水作用，地下水位的位置。显然，与无反压土开挖相比，支护结构嵌固深度的降低程度和多边形 $ACGED$ 与三角形 ABC 的关系有关，并同时依赖于地下水位诱导的非饱和区域的吸力分布。

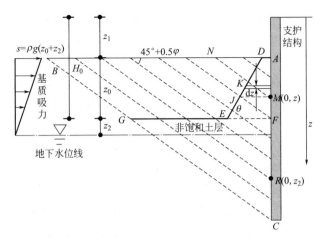

图 9-9　考虑非饱和特性时基坑开挖反压土计算模型

研究表明，考虑非饱和特性时反压土的作用主要包括以下几个方面：①由于反压土的重力作用，增大了坑底土体的竖向应力，从而可以增大坑底土体的水平抗力；②反压土本身可以提供水平抗力，因此可以对开挖深度范围内的支护结构起到一定的嵌固作用；③与相应的饱和土比较，非饱和土的强度和模量均较大，非饱和状态的出现又将进一步提高反压土和坑底土体的水平抗力及水平抗力系数。这是考虑非饱和特性时，反压土能缩短挡土结构嵌固深度、减小内力和位移的主要原因。

9.3.2 作用在支护结构上的水平抗力

考虑到反压土具有一定的宽度，即左侧存在临空区而并非半无限体，有必要引入一个大小与反压土形状有关的形状系数 α（折减系数或称形状折减系数），以便对水平抗力和水平抗力系数进行折减，从而反映反压土形状与支护结构嵌固深度、位移和内力之间的内在力学关系。当土的内摩擦角 φ 相等时，不同深度处的滑移线可以近似为一系列平行直线，且滑移线与水平线的夹角为（45°+0.5φ），如图 9-9 所示。

比如经过点 M 的滑移线应该为直线 MN，即 MN 范围内的土体都对上层土体的滑移有阻碍作用。由于基坑开挖，实际上只有

KM 段的土体产生摩擦力。因此，在计算反压土对支护结构的抗力作用和确定支护结构内力和位移时，应该考虑这一折减效应。显然，M 点水平抗力的最大发挥程度由线段 *KM* 与线段 *NM* 的相对关系决定，同样满足式（9-27）。因此，考虑非饱和特性和反压土作用时，基坑内侧有效水平抗力标准值 e'_{pjk} 可以表示为

$$e'_{pjk} = \alpha\beta e_{pjk} \tag{9-34}$$

其中，e_{pjk} 为基坑内侧水平抗力标准值。β 为考虑反压土左侧临空而引入的松弛修正系数，取值范围为 0.5～1.0，根据土质条件、坡度、高度、降水效果和工期等因素综合确定。当土质条件较好、坡度较小、降水效果理想、工期较短时，可取大值；否则取小值。根据 Rankine 土压力理论，深度 z_j 处的水平抗力标准值 e_{pjk} 为

$$e_{pjk} = \gamma_{mj} z_j K_{pi} + 2c_{ik}\sqrt{K_{pi}} \tag{9-35}$$

其中，$K_{pi} = \tan^2(45° + 0.5\varphi_{ik})$。$\gamma_{mj}$ 为深度 z_j 以上土的平均重度。c_{ik} 和 φ_{ik} 为土的抗剪强度指标，在饱和区采用固结不排水强度指标；在非饱和区采用排水强度指标[13]。对于非饱和土，c_{ik} 为总黏聚力指标。Fredlund 和 Bishop 的研究表明，非饱和土的强度由相应饱和土的强度与吸力对强度的贡献两部分组成。根据 Fredlund 扩展的 Mohr-Coulomb 强度准则，非饱和土的总黏聚力为

$$c_{ik} = c' + s\tan\varphi^b \tag{9-36}$$

其中，$s = u_a - u_w$，为基质吸力，u_a 和 u_w 分别为孔隙气压力和孔隙水压力；φ^b 为抗剪强度随基质吸力增加的速率。所以，式（9-34）可以改写为

$$
\begin{aligned}
e'_{pjk} &= \alpha\beta(\gamma_{mj} z_j K_{pi} + 2c_{ik}\sqrt{K_{pi}}) \\
&= \alpha\beta[\gamma_{mj} z_j K_{pi} + 2(c' + s\tan\varphi^b)\sqrt{K_{pi}}]
\end{aligned} \tag{9-37}
$$

嵌固深度仍然按式（9-33）确定。

9.3.3 支护结构的内力与变形

根据《规程》规定，当支护结构的嵌固深度确定之后，需要采用弹性抗力法计算支护结构的内力和变形。参照不存在反压土时基坑支护结构的计算模型，如图 9-10（a），并考虑土的非饱和特性，有反压土作用时支护结构内力和位移计算模型如图 9-10（b）所示。

根据 "m" 法的基本原理，某一深度处的水平抗力系数 k_{si} 由其水平抗力系数的比例系数 m_i 决定。对于图 9-10（a）所示的基坑开挖模型，有关系式

$$k_{si} = m_i(z - H_0) \tag{9-38}$$

对于坑底反压土的基坑工程，反压土及坑底土体的水平抗力系数同样依赖于该比例系数，但同时应该考虑反压土的尺寸效应。所以，在计算水平抗力系数时必须考虑形状系数 α、松弛修正系数 β 的折减作用。因此，水平抗力系数 k 应该表示为

$$k = \alpha\beta m(z - z_1) \tag{9-39}$$

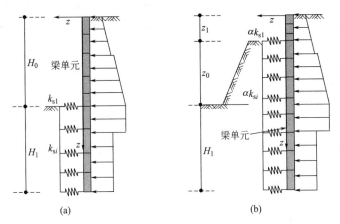

图 9-10 支护结构位移和内力的弹性抗力法模型

（a）无反压土时；（b）有反压土时

单桩水平荷载试验表明，m 值的大小随土体强度的增加而增加。根据《规程》推荐的方法，地基土水平抗力系数的比例系数可以表述为强度指标的经验公式，即

$$m_i = \frac{1}{\Delta}(0.2\varphi_{ik}^2 - \varphi_{ik} + c_{ik}) \tag{9-40}$$

其中，Δ 为基坑底面支护结构位移量，按地区经验取值，mm；无经验时可取 10。将式（9-36）代入式（9-40）可以得到

$$m_i = \frac{1}{\Delta}(0.2\varphi_{ik}^2 - \varphi_{ik} + c' + s\tan\varphi^b) \tag{9-41}$$

因此，根据强度指标和各土层的基质吸力，可以计算不同土层

的 m 值，进而根据深度可以得出不同深度处的水平抗力系数。采用文献提供的方法，可以计算复杂条件下支护结构的水平位移、转角、弯矩和剪力。单元划分同时考虑支护结构的截面特点和土层的力学性质两个方面。在基坑工程中，支护结构的截面沿深度一般是不变的，因此单元划分主要依赖于 k_{si} 的变化特点。鉴于 k_{si} 与深度的关系是线性变化的，单元长度不宜过长，可以考虑取 1m。

9.3.4 计算分析与讨论

已知某基坑采用直径 $\phi = 600\mathrm{mm}$、中心距为 2.0m 的灌注桩作为支护结构，混凝土 $E = 2.4 \times 10^{10}\mathrm{Pa}$。土的三轴固结不排水强度指标标准值分别为 $c_{ik} = 15\mathrm{kPa}$ 和 $\varphi_{ik} = 20°$，基质吸力摩擦角 $\varphi^b = 15°$。基坑侧壁重要性系数 $\gamma_0 = 1$。开挖深度 10m，预留土顶宽 1m，采用护坡措施后预留土坡角 $\theta = 60°$，土的天然重度 $\gamma_{mj} = 20\mathrm{kN/m^3}$，松弛修正系数 $\beta = 1$。降水后地下水位在开挖面以下 1m 处，基质吸力分布采用随深度线性减小的分布模式。求：①确定该支护结构在不同预留土高度时的嵌固深度；②当嵌固深度为 7m 时，计算不同预留土高时支护结构的位移和内力。根据《规程》，主动土压力计算结果如图 9-11 所示。当预留土高度为 7m 时，按照超载方法计算得到的被动侧水平抗力也示于图上。可见，《规程》方法只考虑了预留土的重力作用。

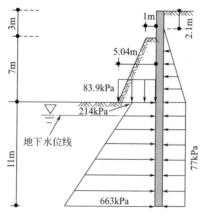

图 9-11 预留土为 7m 时的水平荷载和抗力

预留土不同高度时，水平抗力沿深度的分布如图 9-12 所示。其中，曲线 a_1、b_1、c_1、d_1、e_1 分别对应于预留土高度为 0、1m、3m、5m 和 7m 时，不同深度处，预留土和坑底土体所提供的水平抗力[58]。根据《规程》方法，可以算出不使用预留土时嵌固深度约为 12m。根据本书方法，不同预留土高度时需要的嵌固深度如图 9-13 所示。可见，非饱和预留土的存在大大降低了必要的嵌固深度。因此，在基坑工程中，可以优先考虑采用坑底预留土的施工方法，以降低嵌固深度。

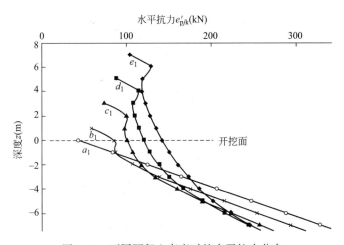

图 9-12　不同预留土高度时的水平抗力分布

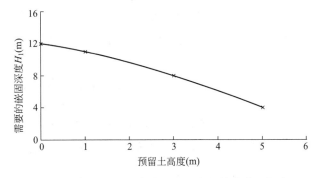

图 9-13　不同预留土高度需要的支护结构嵌固深度

为了研究不同预留土高度对支护结构变形和内力的影响，下文主要考察了当嵌固深度为 7m 时各相关量在不同预留土高度时沿深度的分布。图 9-14 是形状折减系数随深度的变化曲线。其中，曲线 a_2、b_2、c_2、d_2、e_2 分别对应于预留土高度为 0、1m、3m、5m 和 7m 时，不同深度处的形状折减系数。可见，预留土越高，折减效应越明显。

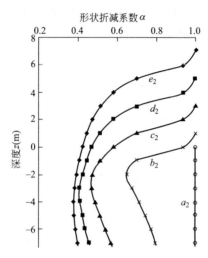

图 9-14　不同预留土高度时的形状折减系数

在基坑工程中，支护结构的位移和内力是重要的控制参数。根据给出的方法，不同预留土高度时，预留土及坑底土体的水平抗力系数分布如图 9-15 所示。同样，曲线 a_3、b_3、c_3、d_3、e_3 分别对应于预留土高度为 0、1m、3m、5m 和 7m 时，不同深度处的弹性抗力系数。

可见，对任意高度的预留土基坑工程，水平抗力系数均随深度的增加而增加。在预留土的上部，虽然水平抗力系数不是很大，但由于其力臂很大，因此其作用不可忽视。与没有预留土时坑底土体的水平抗力系数相比，有预留土时坑底土体的水平抗力系数有所减小。

采用 7.4 节提供的复杂条件下 Winkler 地基梁的计算方法，

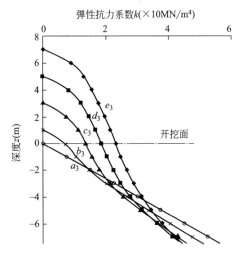

图 9-15 不同预留土高度时的水平抗力系数分布

进一步计算嵌固深度为 7m 时支护结构的位移、转角和弯矩（单元长度 1m），计算结果如图 9-16 和图 9-17 所示。在图 9-16 中，曲线 a_4、b_4、c_4、d_4、e_4 分别对应于预留土高度为 0、1m、3m、5m 和 7m 时，支护结构的位移曲线；而曲线 a_5、b_5、c_5、d_5、e_5 则分别是对应的转角分布曲线。从图 9-16（a）可以看出，5 种情况下支护结构顶端位移分别是 805mm、533mm、178mm、42mm 和 5mm。显然，采用预留土措施并考虑土的非饱和特性时，能大大降低支护结构的嵌固深度。当不采用预留土措施时，嵌固深度 7m 对应的支护结构位移过大，不能满足变形控制要求。

图 9-17 是嵌固深度为 7m 时，不同预留土高度情况下支护结构的弯矩分布，曲线 a_6、b_6、c_6、d_6、e_6 分别对应于预留土高度 0、1m、3m、5m 和 7m。可见，非饱和预留土的存在大大降低了支护结构的弯矩。另外，对于各种高度的预留土，支护结构受到的最大弯矩均位于预留土顶面以下 2m 左右，并与无预留土时的情形基本一致。

在基坑支护工程中，预留土处于非饱和状态的情况非常普遍。

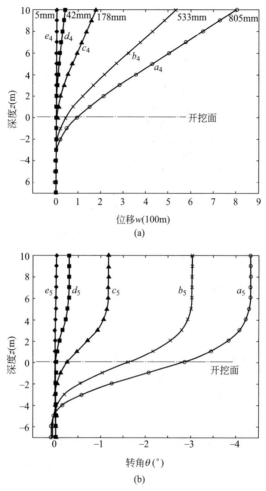

图 9-16　不同预留土高度时支护结构的变形曲线
（a）位移曲线；（b）转角曲线

研究表明，仅仅将预留土作为超载的计算方法是不恰当的，其计算结果偏于保守。非饱和状态下的预留土与坑底土体一样，可以提供相应的水平抗力和水平抗力系数，从而使支护结构的受力更加合理。另外，考虑土的非饱和特性时，也可以大大降低支护结构的嵌固深度、水平位移、转角和弯矩。

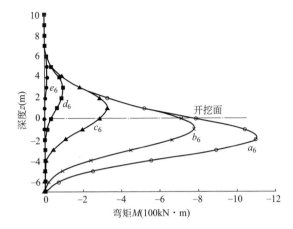

图 9-17 不同预留土高度时支护结构的弯矩分布曲线

第 10 章　渗透性和土层海绵化

水资源和水生态平衡及质量安全是经济社会持续高质量发展的基础和前提，也是人与自然和谐相处的必要条件。针对目前海绵城市建设方案中透水铺装、雨水花园、植草沟、下沉绿地等表层方法存在的不足，研制了一种以微型渗井为竖向和水平向入渗增强体，以既有地层为蓄水海绵体的浅层土体海绵化方法并应用于天津及其他地区。

10.1　海绵城市建设背景

"海绵城市"是一种比较形象的说法，指城市在面对干旱和洪涝往复循环时能像海绵一样具有"弹性"。即在雨季能够渗透、吸收、蓄存雨水；当供水需要时，又能"释放"地下蓄存的雨水供生产生活和生态之用，实现地下水与地表水的动态平衡。

10.1.1　严重缺水和内涝频发

（1）水资源短缺日益严重

我国淡水资源总量为 28000 亿 m³，占全球水资源的 6%，仅次于巴西、俄罗斯和加拿大。但是，我国人均水资源只有 2300m³，仅为世界平均水平的 1/4，是全球人均水资源最贫乏的国家之一，世界排名第110 位，被联合国列为 13 个贫水国家之一。另外，我国水资源时空分布严重不均，表现为东南多、西北少，夏秋多、冬春少的结构性矛盾。加上近年来由于气候变化导致的降水减少，缺水形势日益严峻。

天津市每年都会采用多种方式为生产、生活和生态调水，花费巨大。《天津市水资源公报》显示，2015 年全市平均降水量536.2mm，降水总量 63.91 亿 m³，比常年偏少 6.7%。全市供水总量 25.6750 亿 m³，其中引滦调水 4.5130 亿 m³，引江调水3.9991 亿 m³，两者共计 8.5121 亿 m³，占总供水量的 33.2%。地

表水源供水量 17.8580 亿 m³，占 69.5%；地下水源供水量 4.9235
亿 m³，占 19.2%；其他水源供水量 2.8935 亿 m³，占 11.3%。由
此可见，降水总量虽然是供水总量的 2.5 倍，但依然属于严重缺水
地区。所以，研发科学措施从空间和时间两个方面进行大规模水资
源蓄存和调度是非常必要的。

（2）城市内涝频次和强度逐年增加

内涝已成为我国继交通拥堵、环境污染等社会问题之后的又一
大城市病，如图 10-1 所示。据不完全统计，近年来我国至少 300
个以上的城市发生过不同程度的内涝灾害。我国的城市内涝表现为
发生范围广、积水深度大、消散时间长等特征，造成严重的生命财
产损失，拉低人们的幸福指数，严重影响经济和社会发展。随着城
市化尤其是大城市的快速发展，城市内涝有愈演愈烈之势。城市内
涝考验着政府的经济治理能力、环境治理能力和社会治理能力，已

图 10-1 近年全国各地的城市内涝
（a）暴雨后的北京；（b）暴雨后的沈阳；（c）暴雨后的武汉

经远远超越了市政工程范畴，也不再仅仅是一个工程问题。如何科学、长远地解决城市内涝问题是亟待研究和探讨的重要课题。

与全国多数城市一样，天津市也经常遭遇严重的城市内涝，且有逐年加重之势。如图 10-2 所示。内涝会引发或诱发一系列次生事故和灾害，比如，内涝期间"下水井吃人"、触电、车辆被淹引起人员溺亡等事故时有发生，引起社会不安甚至恐慌。

(a)

(b)

(c)

图 10-2　降水后天津主城区的内涝

(a) 2016 年 7 月 19 日；(b) 2017 年 7 月 15 日；(c) 2018 年 8 月 6 日

发生城市内涝的原因是多方面的。除降雨强度大、持续时间长、土层渗透性差等自然因素外，人为因素的影响不容小觑。这些因素包括：①大量天然透水地面被各种人工不透水地面或地上物取代，比如路面、建筑物等，如图 10-3 所示；②大量的天然蓄存区比如河道、湿地、沟塘、湖泊等被挤占甚至消失，如填湖造田等；③排水系统年久失修或其功能难以满足社会发展需要等。

图 10-3　各类型不透水地面物

在可以预见的将来，水资源严重短缺与城市内涝在我国广大地区将长期共存。破解这一矛盾的有效途径是将洪水作为水资源蓄存起来并在必要时释放加以利用。作者基于低影响理念和多孔介质渗透理论，给出了一种通过在土层中埋置竖向高渗透性滤芯提高雨水下渗能力的方法，将雨洪快速导入体量巨大的非饱和土层蓄存空间，达到大幅度消减灾害和将水资源蓄存在土层中以供日后使用的双重目的。

10.1.2　相关政策措施

习近平总书记在 2013 年中央城镇化工作会议、2014 年中央财经领导小组第 5 次会议等不同场合多次指出，要建设"自然积存、自然渗透、自然净化"的海绵城市。目前，海绵城市建设已经上升为国家战略，急需开展相关理论和应用研究。

2014 年 10 月，住房和城乡建设部颁布了《海绵城市建设技术指南（试行）》。2016 年 3 月，天津市住房和城乡建设委员会发布了《关于推进海绵城市建设工作方案》和《天津市海绵城市设施标准设计图集》。2016 年 4 月，天津市获批为国家第二批海绵城市建设试点。同月，编制了《天津市海绵城市专项规划》，计划建设解放南路和中新生态城两大试点共 15 个示范片区。2016 年 6 月，《天津市海绵城市建设技术导则》正式实施。2017 年 8 月，发布了天津市《关于加强海绵城市建设管理的通知》。2018 年 1 月，天津市将老旧小区海绵化改造作为 20 项民心工程之一，包括幸福家园、世芳园、河畔公寓等 6 个老旧小区在内的 20 项海绵城市改造试点项目全面启动。2019 年 1 月，天津市再次将城市积水片区改造作为 20 项民心工程之一。另有"改善群众住房条件""推进全域文明城市和卫生城市创建""改善人居环境""加强生态环境建设"等其他民心工程也与治理城市内涝密切相关。

在国家和地方各级部门不断加大海绵城市建设覆盖范围和建设强度的条件下，加强该领域的理论研究、技术研发、工艺改进和产业化示范具有非常重要的经济价值和社会意义。加强推广和应用低影响开发建设模式，发挥城市对雨水的吸纳、蓄渗和缓释作用，能有效缓解城市内涝，改善水生态和水环境。由于各地自然条件不同，合理选择适宜的海绵城市建设形式是当前海绵城市建设的难点。

10.1.3 既有海绵化方式的不足

既有海绵城市建设从渗、滞、蓄、净、用、排等方面出发，如图 10-4 所示。天津的海绵城市建设区域包括天津文化中心、天津中心生态城、天津海河教育园区等地。目前采用的方式有透水砖、透水混凝土等透水铺装；绿色屋顶、绿地等滞留措施；渗坑、渗井

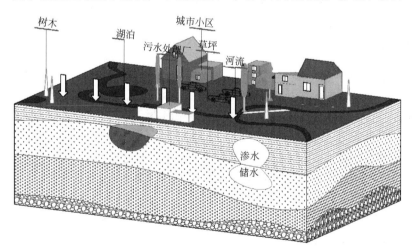

图 10-4 既有海绵城市建设的主要途径

等渗透装置；湿地、河道等蓄排水体。

　　这些措施和方法直观简单，但存在工期长、投入多、对环境影响大、维护成本高、效益有限等缺点，且难以在城市建成区应用和大面积推广，如图 10-5 所示。

图 10-5　目前海绵城市建设常用的方法

10.2　土层海绵方案的可行性

　　低影响开发是实现雨水收集利用的生态技术体系，是海绵城市建设的重要发展方向。其关键环节是原位收集、自然净化、就近利用或回补地下水。作者给出的土层海绵化方案基于这一理念，在充分利用绿地、花园、人行道、广场等自然透水环境或表层硬化区域基础上，辅以竖向强透水滤芯，实现降水的入渗、净化、蓄存、地下水补充的水生态平衡。通过该土层海绵化方案，能将夏秋过多降雨作为资源蓄存在土层中，既可以消减或消除城市内涝，又可以达到生态修复涵养水源的目的。

10.2.1　降雨条件

　　天津市位于华北平原东北部海河沿岸，属温带季风气候。地势以平原和洼地为主，城区之外近 80% 面积是河网密布的湿地和盐沼。地区降水年内分配不均，主要集中在 7～8 月份。一般情况下，1～5 月降水量占全年的 9%；6～9 月降水量占全年的 80%，其中 7 月降水量占汛期降水量的 55%；10～12 月降水量占全年的 11%。降水的季节性分配不均极大地考验着天津的综合治理能力。常规的蓄存净水设施效能有限、质量有待提升，影响着天津降水资源的利用效率。

10.2.2　工程地质和水文地质

天津地层以海陆交互相沉积为特色。各地层沉积厚度、沉积层位、岩性特征虽有差异，但在成因上有明显的规律性。表现为渗透性差、地下水位浅等特点。

（1）工程地质

天津多种成因地层广泛分布，根据沉积年代可分为三类，即老沉积土、一般沉积土与新近沉积土。

人工填土层埋深 $0\sim4.0m$，厚约 $1.0\sim4.0m$，由人类活动堆积而成，分为素填土、杂填土。一般具有均匀性差、强度低、压缩性高、渗透性强等特点。素填土多为褐黄色粉质黏土，结构较为疏松，渗透系数为 $10^{-7}\sim10^{-6}$ cm/s。杂填土多为建筑垃圾、生活垃圾，含较多砖块、瓦片、碎石、灰渣等形状不规则物。室内渗透试样很难制备，难以取得较为准确的试验数据，但根据其结构和成分可推断其渗透性较强。

新近沉积土层埋深 $4.0\sim8.0m$，厚约 $0.1\sim1.0m$，多为黑色、灰黑色的软塑、流塑状淤泥及淤泥质土。含有大量有机质，饱和度较高，渗透系数 $10^{-8}\sim10^{-7}$ cm/s。由于有些地区的土层含有薄砂层、粉土层，其渗透系数多为 $10^{-7}\sim10^{-6}$ cm/s，有时达到 $10^{-6}\sim10^{-5}$ cm/s。

第Ⅰ陆相层埋深 $4.0\sim7.0m$，厚约 $4.0\sim5.0m$。因地区不同分为：①河流相沉积层，以黄褐色、灰褐色黏性土为主，结构较为致密，渗透系数 $10^{-8}\sim10^{-7}$ cm/s；②湖沼相沉积层，以灰绿、灰黄色黏土为主，土质较为均匀，渗透系数 $10^{-8}\sim10^{-7}$ cm/s。

第Ⅰ海相层埋深 $11.0\sim15.0m$，厚约 $6.0\sim9.0m$，以灰色粉质黏土为主。上部由软塑粉质黏土及粉土组成，下部由软～可塑粉质黏土及粉土组成。

第Ⅱ陆相层分别为沼泽相沉积和河床—河漫滩相沉积，埋深较大，对土层海绵方案没有影响。

（2）水文地质

天津的地下水受基底构造、地层岩性和地形、地貌、气象以及

海进、海退等因素综合影响，水文地质条件复杂。按埋藏条件可分
为上层滞水、潜水和承压水，其中潜水含水层对海绵城市建设影响
较大。受地形影响，潜水由山前向滨海方向流动。同时，山前下降
的潜水流在平原某些部位上升。天津市潜水水位埋深总体较浅，含
水介质颗粒较细，水力坡度小，地下水流动缓慢。受地形、气象、
含水层土质影响，不同地区、不同时间的水头存在差异。一般高水
位出现在雨季后的 9 月份，低水位出现在干旱少雨的 4～5 月。根
据天津地区多年地下水观测资料，中心城区潜水水位埋深在 1.0～
3.0m 之间，水位变幅在 0.5～1.5m 之间。总体上看，天津中心城
区潜水最高水位埋深北部大而水平方向变化平缓，南部小但水平
方向变化较大。上层滞水水位埋深为 0.5m 左右，主要以松散的
人工填筑土层为含水层，下部新近沉积层和第Ⅰ陆相层中黏土层
为相对隔水层。部分地段与地表坑塘水体连通，接受大气降水和
地表水补给。第四系孔隙潜水的地下水位埋深一般为 0.5～
2.5m，年平均地下水位埋深为 1.6～1.8m，多年平均年变化幅度
为 0.8m。潜水主要靠大气降水入渗和地表水体入渗补给，地下
水位波幅变化较大。

10.2.3 思路和理念

针对季节性洪水和城市内涝与严重缺水之间的矛盾，开发研制
一种以既有地层作为蓄水海绵体的方案。具体做法是将多孔滤芯置
于土层中从而形成渗井，用于将地表水快速导入土层中并向四周土
层中加速渗透，以土体中大量孔隙作为蓄存空间，将雨水作为资源
蓄存在地层中，从而达到消除内涝、涵养地下水，促进人与自然和
谐发展的多重功效，如图 10-6 所示。

现阶段城市雨水利用有狭义和广义之分：狭义上的雨水利用就
是收集、贮存利用雨水；广义上的雨水利用则包括渗透、回灌、补充
地下及地面水源，维持并改善水循环系统。与传统海绵化方案相比，
作者给出的土层海绵方案具有广泛的应用价值。该方案以地表集水蓄
存、竖向增大入渗、土层渗水蓄水为切入点，充分利用了土体的渗水
蓄存能力，能实现真正意义上的城市和环境海绵化。该方案中的竖向
入渗加速功能由渗透滤芯完成；雨水蓄存由分布于填土层、粉土层和

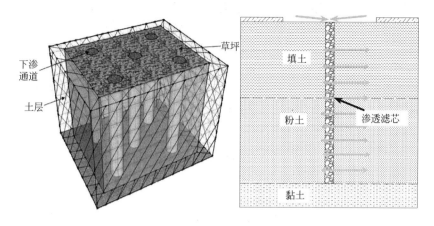

图 10-6   以滤芯作为下渗通道和土层孔隙作为蓄存空间的土层海绵化方案

黏土层等浅部土层中的大量孔隙实现。该方案巧妙实现了雨水入渗和蓄存功能，同时具有省工、省时、省力、生态、环保、绿色、低影响等特点，非常适合城市建成区大面积应用。

10.3   常气压作用下非饱和土的一维瞬态渗流

水在多孔介质中的渗流是岩土工程的基本问题之一。土颗粒体和孔隙体几何形态及分布方式的复杂性与不确定性，是其微观流动表现为紊流而非层流的原因之一。在渗流场内，所有运动要素不随时间变化而变化的渗流称为稳态流，否则为瞬态流。另外，根据孔隙水充满孔隙的程度，渗流又可以分为饱和土中的渗流和非饱和土中的渗流。可见，降雨在地下水位以上非饱和土层中的入渗和图 10-6 中的渗流均属瞬态流[59]。

10.3.1   土的一维失水过程

自然界中，土层的失水和补水一直在交替发生。研究地下水位以上非饱和土层的水、气运动规律和瞬态渗流过程具有重要的理论意义和工程应用价值。

土体中大小不等的孔隙是相互连通的，这些孔隙常常可以理想化为一定尺寸的毛细管，如图 10-7 所示。对某一特定地下水位 A，不同等效半径的毛细管中的液面上升高度是不同的。通常情况下，较细毛细管 1 中的液面高度 h_1 高于较粗毛细管 2 中的液面高度 h_2。当进一步降低地下水位到 B 时，平衡后沿深度不同部位的毛细含水量会由于毛细高度的不变而进一步降低，处于 AB 之间的孔隙水由饱和状态水变为毛细水。相应的，毛细管中的液面也会降低为 h_3 和 h_4。

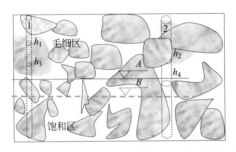

图 10-7　孔隙体的毛细管模型及基质吸力作用

实验室内采用轴平移技术可以模拟土的失水这一自然过程。设想将试样的初始状态设定为饱和状态，在试样上部边界施加某一气压力，而将试样的下部边界通过高进气值陶土板和反压装置与外界大气相通。由于上部边界气压力的存在，土中水会在压力差作用下由下部的高进气值陶土板流出。随着时间的延续，非饱和范围及其饱和度都将发生变化。一方面，非饱和区域从施加气压的一侧逐步向另一侧扩展，即毛细高度逐渐降低；另一方面，随着水的排出，非饱和区域内不同位置处的饱和度也会逐步降低。在此过程中，大孔隙中的土中水将被首先排出，即 h_2、h_4 始终低于 h_1、h_3。当施加的气压与孔隙水的表面张力作用平衡时，失水过程停止。高 H 的饱和土试样在气压力 p 作用下排出一定量孔隙水后获得非饱和土试样的过程可以用图 10-8 所示的过程进一步说明。

在图 10-8 中，圆柱体试样的初始状态是饱和的，其四周为橡胶模所封闭。稳定气压力 p 施加于试样上端，下端则通过高进气

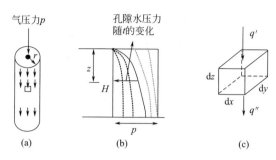

图 10-8 非饱和试样施加气压力后的水气压力转换及流量计算

(a) 孔隙水迁移;(b) 水/气压力转变;(c) 流量计算

值陶土板与大气相通。因此,在施加气压力的瞬时,气压力会全部作用于孔隙水上,试样的孔隙水压力等于所施加的气压力。随后,孔隙水在压力作用下通过高进气值陶土板排出。在排水过程中,试样的饱和度和渗透系数将持续减小。流体压力包括孔隙水压力 u_w 和孔隙气压力 u_a。如果不允许排水,则饱和试样在施加气压力 p 后,对应的孔隙水压力也是 p。排水阀打开后,孔隙水通过陶土板向下逐渐排出,孔隙水压力逐步消散。当孔隙水不再通过陶土板排出时,说明孔隙水压力已经消散完毕,并与大气压相平衡。

采用重塑试样,土质为粉质黏土,其塑限和液限分别为 17.4 和 28。土料经 8h 烘干,过 2mm 孔径筛后,配制成含水量为 23% 的湿土。湿土密封保存 24h 以上,待水气状态完全达到平衡后再进行制样。重塑试样的制备采用击实法,试样为 R 70mm×140mm 的圆柱体。为了具有可比性,试样的干密度统一为 1.70g/cm³。经计算,其湿密度为 1.99g/cm³,孔隙比为 0.6。湿土分三层装入击实仪中击实,经试击,每层的击实次数为 30。

试验在 WF 应力路径三轴仪上完成,该试验系统通过 RTC 实时控制系统控制围压、反压、气压以及竖向压力,以实现不同试验目的对加载的需求。首先,通过反压控制器对重塑试样进行反压饱和。饱和阶段完成后,通过围压控制器对试样施加预定的围压并打开排水阀进行排水固结。与常规饱和土的三轴试验相比,这里的反压饱和及固结排水并无太大区别。接下来，在保持围压恒定不变的条件下，通过气压控制器经试样顶部施加气压力。在气压力作用下，孔隙水通过试样底部的高进气值陶土板排出。随着孔隙水的不断排出，试样由最初的饱和状态逐渐过渡到非饱和状态，且这一过程从试样顶部开始逐渐向试样下部扩展。

共进行了两个试样的上述试验，压力施加与时间 t 的关系如图 10-9 所示。对试样 1 施加的反压、围压和气压分别为 0、150kPa 和 100kPa；对试样 2 施加的反压、围压和气压分别为 0kPa、400kPa 和 200kPa。

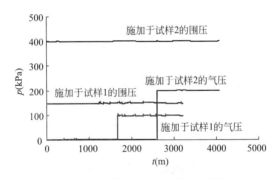

图 10-9　围压和气压的施加过程

根据固结理论，固结度的计算可以基于变形也可以基于孔压。试样在某时刻的变形量除以最终变形量得到的固结度属于前者。对于饱和土，基于变形的固结度还可以用某时刻的排水量除以稳定时总的排水量获得。根据排水量获得的试样在两个阶段的固结度如图 10-10 所示，其中曲线 l_1 和 l_4 分别表示试样 1 和试样 2 的固结度变化过程。

与饱和固结阶段的排水过程相比，施加气压后的排水过程需要更长时间才能达到稳定，其原因在于非饱和土的渗透性远远低于对应饱和土的渗透性。另外，在饱和排水阶段，较大围压作用下的排水过程需要较长时间才能稳定，这主要在于有较多孔隙水需要排出和土的孔隙比变化较大所致。

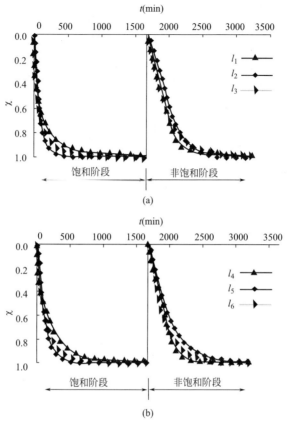

图 10-10　围压和气压作用下的失水过程

（a）试样 1；（b）试样 2

10.3.2　非饱和阶段的瞬态渗流模型

不管是饱和土的三轴试验还是非饱和土的三轴试验，都是轴对称条件下的土力学试验，渗流过程都是沿着圆柱体轴线方向的一维流动。为建立非饱和土三轴试验施加气压力后试样内部的水气平衡过程，有必要作出如下一些理想化假设。

①土层是均质、各向同性和初始饱和的；②土颗粒和孔隙水不可压缩；③排水仅在竖直方向发生；④气体在土中的渗透性远远大于水在土中的渗透性，且水的渗流服从达西定律；⑤在排水过程

中，非饱和土的渗透系数可以表示为饱和土的渗透系数与饱和度的函数；⑥气压力一次骤然施加，在排水过程中保持不变；⑦排出的水量等于孔隙率与饱和度变化的乘积，即不考虑土颗粒体积的变化。

水的渗流只在孔隙的充水部分发生，即充水孔隙所占比重对渗透系数影响很大。其原因主要有三个，一是孔隙中充水区域的缩小减少了过水面积；二是非饱和区域的存在必然导致绕流发生，从而增加水的流程；三是水的流动越来越靠近土颗粒表面从而导致黏滞阻力加大。因此，水在土中的渗透系数 k 随着饱和度的减小而急剧降低。根据 Brooks 和 Corey 的研究，非饱和土的渗透系数可以表述为

$$k = k_w \quad (u_a - u_w) \leqslant (u_a - u_w)_b \tag{10-1}$$

$$k = k_w s_e^\delta \quad (u_a - u_w) > (u_a - u_w)_b \tag{10-2}$$

其中，$S = (u_a - u_w)$、$S_b = (u_a - u_w)_b$、s_e 和 δ 分别为基质吸力、进气值、有效饱和度和与孔隙尺寸分布指标有关的经验系数，且

$$\delta = \frac{2 + 3\lambda}{\lambda} \tag{10-3}$$

$$s_e = \frac{s - s_r}{1 - s_r} \tag{10-4}$$

对于细砂，$\lambda = 3.7$；对于粉质黏土，$\lambda = 1.8$；对于黏土，这里 λ 取 1。另外，基质吸力与饱和度之间的关系可以表述为

$$s_e = \frac{(u_a - u_w)_b}{(u_a - u_w)} = \frac{S_b}{S}, (u_a - u_w) > (u_a - u_w)_b \tag{10-5}$$

λ 是孔隙大小分布指标，s 为饱和度。s_r 为剩余饱和度，表示基质吸力的增加不再引起饱和度显著变化时的饱和度。因此，当 $(u_a - u_w) > (u_a - u_w)_b$ 时，有

$$k = k_w \left(\frac{S_b}{S}\right)^5 \tag{10-6}$$

其中，$S_b = (u_a - u_w)_b$，$S = (u_a - u_w)$。在自然条件下，土的孔隙与大气相连，孔隙气压力等于大气压力。所以，基质吸力由孔隙水压力决定，并最终与含水量存在某种对应关系。在试样中取

一个微元体，如图 10-8 所示。则根据达西定律，进入该微元体的流量 q' 为

$$q' = kiA = k\left(-\frac{\partial h}{\partial z}\right)\mathrm{d}x\,\mathrm{d}y \tag{10-7}$$

其中，i 为水力梯度，$A = \mathrm{d}x\,\mathrm{d}y$，$h$ 为水头高度。同样，流出微元体的流量 q'' 为

$$q'' = k\left(-\frac{\partial h}{\partial z} - \frac{\partial^2 h}{\partial^2 z}\mathrm{d}z\right)\mathrm{d}x\,\mathrm{d}y \tag{10-8}$$

所以，微元体孔隙水的流出量为

$$q'' - q' = -k_{\mathrm{w}}\left(\frac{S_{\mathrm{b}}}{S}\right)^5 \frac{\partial^2 h}{\partial^2 z}\mathrm{d}z\,\mathrm{d}x\,\mathrm{d}y \tag{10-9}$$

对于非饱和土，水压力为负，此时基质吸力与水头的关系可以表示为

$$S = \rho_{\mathrm{w}}gh \tag{10-10}$$

所以，式（10-9）演变为

$$q'' - q' = -k_{\mathrm{w}}\left(\frac{S_{\mathrm{b}}}{h\rho_{\mathrm{w}}g}\right)^5 \frac{\partial^2 h}{\partial^2 z}\mathrm{d}z\,\mathrm{d}x\,\mathrm{d}y \tag{10-11}$$

与施加球应力围压相比，施加基质吸力引起的体变很小。因此，可以不考虑基质吸力变化引起的体变。所以，微元体内孔隙水流出量还等于饱和度的改变量与孔隙率乘积的相反数，即

$$\mathrm{d}V_{\mathrm{w}} = -\mathrm{d}(ns) = -n\,\mathrm{d}s \tag{10-12}$$

所以

$$\frac{\partial V_{\mathrm{w}}}{\partial t} = -n\frac{\partial s}{\partial t} \tag{10-13}$$

根据式（10-4）、式（10-5）和式（10-10）可以得到

$$\partial s = -h^{-2}(1 - s_{\mathrm{r}})\frac{S_{\mathrm{b}}}{\rho_{\mathrm{w}}g}\partial h \tag{10-14}$$

根据式（10-13）和式（10-14）可以得到

$$\frac{\partial V_{\mathrm{w}}}{\partial t} = nh^{-2}(1 - s_{\mathrm{r}})\frac{S_{\mathrm{b}}}{\rho_{\mathrm{w}}g}\frac{\partial h}{\partial t} \tag{10-15}$$

由式（10-11）和式（10-15）得到

$$\frac{k_{\mathrm{w}}}{n(1 - s_{\mathrm{r}})}\left(\frac{S_{\mathrm{b}}}{\rho_{\mathrm{w}}g}\right)^4 \frac{\partial^2 h}{\partial z^2} = h^3 \frac{\partial h}{\partial t} \tag{10-16}$$

设

$$c_b = \frac{k_w S_b^4}{n\rho_w g \times (1 - s_r)} \qquad (10\text{-}17)$$

则式（10-16）为

$$c_b \frac{\partial^2 u}{\partial z^2} = u^3 \frac{\partial u}{\partial t} \qquad (10\text{-}18)$$

这里，系数 c_b 取决于土在饱和状态时的渗透系数即孔隙状态、进气值、孔隙率、剩余饱和度等参数。类似于饱和土 Terzaghi 一维固结理论中的固结系数 c_v，c_b 定义为非饱和土在一维气压力作用下固结系数。

由于在试验过程中采用了轴平移技术，所以初始时刻和终止时刻的水压力条件为：①$t = 0$，$0 < z \leqslant H$ 时，$u = p = 100000$；②$t = \infty$，$0 \leqslant z \leqslant H$ 时，$u = 0$。另外，边界条件为：①$0 < t < \infty$，$z = 0$ 时，$u = 0$；②$0 < t < \infty$，$z = H$ 时，$\partial u / \partial z = 0$。

10.3.3　非线性偏微分方程的数值解答

式（10-18）是一个高度非线性偏微分方程，现有数值分析软件无法求解。为此，笔者编制了专门求解该类非线性偏微分方程的程序。由于是一维问题，所以只需考虑水压力沿三轴试样轴线方向 z 的变化。沿 z 方向和时间 t 方向进行离散化，如图 10-11 所示。其中，时间步长为 l，轴线方向步长为 m。

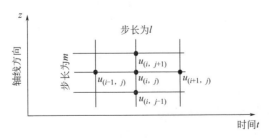

图 10-11　孔压变化的差分表示

根据差分原理可以得到

$$\left. \frac{\partial u}{\partial t} \right|_{(i, j)} \approx \frac{u_{(i+1, j)} - u_{(i-1, j)}}{2l} \qquad (10\text{-}19)$$

类似的，可以得到

$$\left.\frac{\partial^2 u}{\partial z^2}\right|_{(i,j)} \approx \frac{u_{(i,j+1)} - 2u_{(i,j)} + u_{(i,j-1)}}{m^2} \qquad (10\text{-}20)$$

因此式（10-18）的差分形式为

$$c_b \frac{u_{(i,\,j+1)} - 2u_{(i,\,j)} + u_{(i,\,j-1)}}{m^2} \approx u_{(i,\,j)}^3 \frac{u_{(i+1,\,j)} - u_{(i-1,\,j)}}{2l}$$

$$(10\text{-}21)$$

该差分方程与普通差分方程的显著差别在于孔压的 3 次幂。另外，式（10-21）可以简写为

$$k_1 u_{(i,\,j)}^3 + k_2 u_{(i,\,j)} + k_3 \approx 0 \qquad (10\text{-}22)$$

其中

$$k_1 = \frac{u_{(i+1,\,j)} - u_{(i-1,\,j)}}{2l} \qquad (10\text{-}23)$$

$$k_2 = \frac{2c_b}{s^2} \qquad (10\text{-}24)$$

$$k_3 = -c_b \frac{u_{(i,\,j+1)} + u_{(i,\,j-1)}}{m^2} \qquad (10\text{-}25)$$

给定式（10-18）的初始边值条件，可以得到初始值对应的 $u_{0(i,\,j+1)}$，将其代入到式（10-23）～式（10-25）可以求出 k_1、k_2、k_3。之后根据式（10-22）可以求得对应的 3 个解 $u_{1(i,\,j+1)}$。其中，与 $u_{0(i,\,j+1)}$ 最接近的那个解就是第二轮迭代时的 $u_{(i,\,j+1)}$。如此循环，直到前后两轮迭代结果的误差满足允许值为止，即得真实的孔压分布。某时刻的孔隙水压力除以初始时刻的孔隙水压力可以得到该时刻的固结度。图 10-10 中的 l_3 和 l_6 分别为试样 1 和试样 2 不同时刻的固结度曲线。

10.3.4 瞬态渗流有限元模拟

某时刻试样内的气压力分布如图 10-12（a）所示，在试验过程中，孔隙水压力设置为 0。所以，试样的基质吸力分布与气压力分布相同。而在有限元模型中，一般不能施加气压力。为了模拟非饱和土中的基质吸力，孔隙水压力可以设置为负值，如图 10-12（b）所示。三轴试样是轴对称的，在建立模型时可以通过旋转二维平面

模型得到圆柱体的方法予以实现，相关参数可以通过前述 WF 三轴试验得到。得到其弹性模量为 7.5MPa，泊松比为 0.3。渗透系数 k 与孔隙比 e 的关系可以通过不同围压时试样的渗透试验得到。当孔隙比为 0.55、0.6 和 0.67 时，测得的渗透系数分别为 4.8×10^{-9}、1×10^{-8} 和 6.7×10^{-8}。饱和度 s 与基质吸力 S 之间的关系通过 Fredlund SWCC 测试仪得到。对于孔隙比 e 为 0.6 的试样，测试结果见表 10-1 所列。

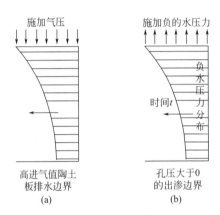

图 10-12　非饱和三轴试验与有限元模型的初始边界条件对比
(a) 非饱和土三轴试验；(b) 有限元模型

基质吸力与饱和度的关系　　　　　　　　表 10-1

S(Pa)	0	1×10	1×10^2	1×10^3	5×10^3	1×10^4	5×10^4	1×10^5	5×10^5	1×10^6
s(%)	100	91	70	58	52	49	47	45	43	41

本模型主要有两个分析步，施加围压后饱和三轴试验的固结排水和围压不变条件下施加负孔隙水压力后的非饱和阶段排水。在第一个分析步中，将模型中的孔压边界设为 0，其余边界设为不透水边界。在第二个分析步中，孔压边界设置为 -50kPa。不同时刻试样中的流量对比如图 10-13 所示。可见，与饱和阶段相比，非饱和阶段的流量分布存在明显差别。施加气压后非饱和阶段的排水过程是由近及远、循序渐进的。即靠近排水边界的孔隙水首先排出，然后逐渐波及试样内部的孔隙水。某时刻的孔隙水压力除以初始时刻

的孔隙水压力后可以得到该时刻基于孔压的固结度。图 10-10 中的曲线 l_2 和 l_5 分别为试样 1 和试样 2 在不同时刻的固结度。

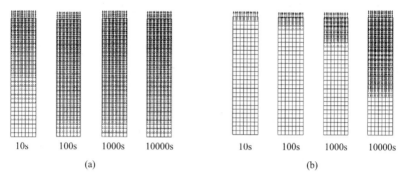

图 10-13　不同时刻试样中的相对流量对比

（a）饱和阶段；（b）非饱和阶段

如前所述，图 10-10 分别给出了两个试样在饱和三轴固结阶段和施加常气压作用下排水两个过程。其中，两个试样的试验成果如曲线 l_1 和曲线 l_4 所示；基于 Abaqus 有限元的计算结果为曲线 l_2 和 l_5；基于非饱和土瞬态渗流模型的有限差分计算结果为曲线 l_3 和 l_6。可见，给出的非线性偏微分模型充分反映了三轴试样在饱和状态三轴固结过程和常气压作用下瞬态渗流与孔压消散的主要特点，且基本位于试验结果和有限元计算结果之间。因此可以说明，给出的非饱和土瞬态渗流模型是完全合理的。

三种方法存在差异的原因是多方面的，主要来源于模型的假设条件与实际情况存在一些差异。比如均质、各向同性、初始饱和、达西定律、排水量等于孔隙率与饱和度的乘积等假设与事实均存在一定差异。在试验过程中，即使第⑥款关于气压施加的假定也是难以完全达到的。所以，试验值与非饱和土瞬态渗流模型计算结果存在差异是正常的。

为了研究饱和试样和非饱和试样的孔压消散特点，图 10-14 给出了试样在饱和阶段固结和施加稳定气压条件下，孔隙水压力的变化过程。图 10-14（a）中的曲线 a、b、c、d、e、f、g 分别为饱和阶段施加围压后，试样上距离排水边界 2cm、4cm、6cm、8cm、

10cm、12cm、14cm 处各点的孔压消散曲线。图 10-14（b）中的曲线 h、i、j、k、l、m、n 分别为饱和阶段固结完成时，施加稳定气压力后孔隙水压力的消散过程，这些曲线分别对应于距离排水边界 2cm、4cm、6cm、8cm、10cm、12cm、14cm 处各点的孔压消散过程。

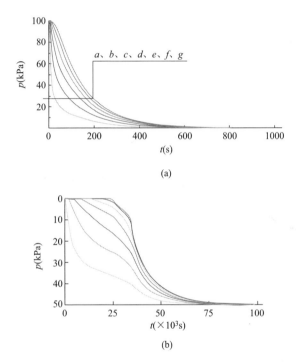

图 10-14 饱和、非饱和固结阶段试样不同部位的孔隙水压力
(a) 饱和阶段；(b) 非饱和阶段

由图 10-14（a）可以看出，由围压引起的试样不同部位的孔隙水压力，在固结开始后的 600 s 左右基本消散完毕，且越靠近排水边界消散速度越快。而图 10-14（b）则显示，在施加稳定气压力后约 75000 s，水压力才基本消散完毕。可见，非饱和土的固结过程比饱和土的固结过程慢得多。产生这种现象的主要原因在于，随着水的排出，土的饱和度越来越低，相应的过水通道越来越小，有效

渗透系数也越来越小。

10.4　砂石渗井在黏土地区海绵城市建设中的应用

砂石渗井是一种埋设于土体中的竖向渗透增强装置，用于增大地表径流的入渗速度，是一种能够改善土体渗透性能的小型渗水装置。

10.4.1　砂石渗井的结构形式和相关参数

砂石渗井的施工过程：①通过人工或机械的方法在地面上成孔，孔的直径、深度和间距根据计算确定；②选取渗透系数足够大的砂石材料，去除杂质和过大的颗粒；③将符合工程质量要求的砂石材料填筑在各渗井孔内，并进行必要的密实。当强降雨来临时，地表径流就可以沿着砂石渗井由地表迅速流入井内，并沿着井壁向四周土层中快速入渗，从而大幅度提高土层的表观渗水能力[60]。

原始场地中土体各个方向上的渗透系数是不同的。一般情况下，黏性土的渗透系数与渗流方向是相关的，即不同方向上的渗透系数是不同的。为此，进行了渗流方向与渗透系数研究。用环刀在原始场地取土，取样的方向由环刀轴线方向与水平方向的夹角控制，如图 10-15 所示。

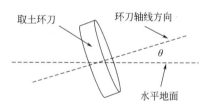

图 10-15　渗透性试验的取样方向

取土的角度 θ 分别设置为 0°、15°、30°、45°、60°、75°、90°。每个角度取 3 个试样分别进行变水头渗透试验，并取 3 个渗透系数的平均值作为该方向的渗透系数。由上述试验得到的不同方向上的渗透系数见表 10-2 所列。

不同方向上试样的渗透系数　　　　　　　　　表 10-2

$\theta(°)$	0	15	30	45	60	75	90
渗透系数(10^{-4}cm/s)	12.95	8.02	7.30	5.75	4.76	4.51	3.80

　　可见，当取土角度 θ 为 0°时，土样的渗透系数最大；当取土角度 θ 为 90°时，土样的渗透系数最小。即该土层在水平方向上的渗透系数最大，在竖直方向上的渗透系数最小，且前者是后者的 3.4 倍。可见，该土层在不同方向上的渗透系数差别很大，充分利用这一性质能大幅度提高该土层的下渗能力。基于上述不同方向上渗透系数的差别化特点，在该黏性土层中钻取一定尺寸的渗井孔，并在井孔内填置高透水性填料，即可形成能大幅度改善土体渗透性能的小型渗水装置。

　　在选择渗井填充材料时，应着重考虑其渗透性能，以选择渗透系数大的砾、粗砂等粗颗粒材料为宜。为研究填充材料的水力学参数对渗井功能的影响，先后进行了所用河砂的颗粒级配分析试验和渗透性试验。采用筛分法进行颗粒级配分析试验。天然河砂样品经烘干、碾碎后称取 500g 进行筛分。标准筛的孔径由上而下分别为 5mm、2mm、1mm、0.5mm、0.25mm、0.125mm 和 0.075mm。通过筛分试验，得到了表 10-3 所列的试验成果。

各号筛的筛余质量　　　　　　　　　表 10-3

粒径(mm)	>5	2~5	1~2	0.5~1	0.25~0.5	0.125~0.25	0.075~0.125	<0.075
质量(g)	85.41	189.77	66.12	91.14	38.78	12.25	10.83	5.84

　　在此基础上，得到了该天然河砂的不均匀系数和曲率系数，见表 10-4 所列。

不均匀系数和曲率系数　　　　　　　　　表 10-4

类别	d_{10}(mm)	d_{30}(mm)	d_{60}(mm)	C_u	C_c
河砂	0.3416	0.9815	2.8040	8.2084	1.0057

　　由表 10-4 可知，$C_u = 8.2 > 5$，$C_c = 1.0$（介于 1~3 之间）。可

见，所选填充材料为级配良好砂。为充分认识填充材料的渗透性能，进行了不同粒组的常水头试验。根据筛分成果，将砂样分成不同的粒组，制备成与原始河砂密度相同的试样，测试该河砂的渗透系数，测试结果见表10-5。

密度相同时不同粒组的渗透系数　　　　表 10-5

粒径(mm)	原样	>5	2~5	1~2	0.5~1	0.25~0.5
渗透系数(10^{-2}cm/s)	4.58	192.23	31.26	10.28	3.56	0.46

可见，粗颗粒单一粒组的渗透系数远远大于原状砂的渗透系数。即粒径越大，渗透系数也越大。经多方面研究，确定了砂石渗井的设计方案。①在黏性土层上开挖圆柱形渗井孔，其直径和长度分别为20cm和100cm；②井孔内填充去除了1mm以下粒组的河砂，并分层密实，由此即形成了用于黏土地层海绵城市建设中的一种渗水装置。该装置能充分利用土的水平渗流能力，减少暴雨灾害，符合低影响开发理念。

10.4.2　原位试验

土体中含有大量不同尺寸的孔隙，这些孔隙既是存水的空间又是过水的通道。作为一种竖向渗水构件，砂石渗井不仅提高了竖向渗透能力，而且也提升了土体在水平方向渗透性能的使用效率。雨水引起的地表径流经砂石渗井时，径流将沿其内部填充料发生自上而下的竖向渗流，随后填料中的雨水流出渗井壁并向周围土体中发生横向渗流[59]。通过研究不同土层含水率的变化，即可揭示砂石渗井对改善土体渗透能力的作用。故在原始场地上进行了砂石渗井渗透性试验，试验包括单井井口注水试验、单井区域渗水试验和群井区域渗水试验三个类型。

单井井口注水试验为只对井口进行注水的试验，以研究单井的渗水效果。在井口注水3次，每次注水的时间间隔为2h，注水量分别为22kg、14kg、11kg。在每次注水1h后，用洛阳铲在预定位置取土样并测试其含水率。3次取样的平面位置各不相同，即3次取样在平面上的角度间隔为120°。

测试表明：①当水平间距相同时，土体的含水率随深度的增加而增大；②当深度相同时，土层的含水率随着到渗井中心水平间距的增大而明显减小；③与远离渗井的土体相比，靠近渗井土体的含水率变化最为显著。

单井区域渗水试验即对渗井和周围的土体同时进行注水。周围地表的注水面积为 2.5m×2.5m，为预防水的流失，在边界进行了围挡，如图 10-16 所示。

图 10-16　单井区域注水试验

群井区域渗水试验是指三根相同的砂石渗井分别处于边长为 100cm 的等边三角形的 3 个顶点，渗井的尺寸与 10.4.1 所述相同。如图 10-17 所示。注水同样分 3 次进行，每次注水量与单井区域渗水试验相同，即为 180kg，3 次注水后的渗毕时间分别为 27min、60min、100min。其他试验过程与单井区域渗水试验相同。

图 10-17　群井区域渗水试验

比较两个试验的渗毕时间可知，每次注水后，群井的渗毕时间均小于单井，随着累计注水量的增大，群井的入渗速度加快，但同单井相比，并非等比例的加快。所以，注水量越多，群井入渗效率越高，入渗效果越明显。综上可知，当水平间距相同时，渗井入渗效果随深度的增加而增大；当深度相同时，渗井入渗效果随到渗井中心水平间距的增大而减小；渗井周边的渗透性能最为显著，且群井效果好于单井。

10.5 微型渗井影响范围与入渗效率研究

基于 Green-Ampt 入渗模型，建立了单个微型渗井影响范围的计算模型，进行了单井原位试验。试验结果表明，测试值与计算值吻合较好，从而验证了该模型的可行性。

10.5.1 原位试验

为建立单个微型渗井影响范围计算模型，开展了单个微型渗井的染色示踪试验。染色示踪试验通过将染色示踪剂溶解在水中配制成溶液，代替无色的雨水，可以直观显示土体中水分渗流的情况。采用亮蓝作为染色剂，共配制浓度为 4g/L 的亮蓝溶液 100L。①利用机械成孔方式在 1m×1m 的试验场地中心处开挖深度 1m、直径为 10cm 的管状井孔；②用长度为 50cm、直径 10cm 的两根滤芯将管状井孔填充；③清理场地杂物，用高度为 15cm 的防水隔护板将试验场地圈围；④在试验场地内采用透明塑料布将渗井周围土体覆盖；⑤对试验场地进行注水，注水强度为 100mm/h，注水量为 100L。试验完成后以单个微型渗井为中心，开挖竖向剖面，拍摄竖向剖面照片，染色范围如图 10-18 所示。从图 10-18 可以看出，染色范围与周围土体的边界颜色相差明显，在滤芯设置的土体区域内，土体的染色范围逐渐增大，在滤芯底部以下土体区域，染色范围逐渐缩小，染色范围近似为椭球面。

该类微型渗井能够有效增大地表水下渗量的原因有以下几方面：①提供了雨水入渗的竖直通道，使雨水与井壁土体的接触面积增大；②减小了因表层土硬化对雨水入渗的弱化作用；③增大了雨水入渗过程的入渗水头，使雨水入渗过程中的势能增大；④考虑了土体渗透系数的各向异性，利用了土体水平渗透系数较大的特点。

在试验区域内沿水平和竖直方向共设置 3×8 个测点，测点的水平方向至渗井轴心的距离分别为 10cm、20cm、40cm，深度方向至地表的距离分别为 60cm、100cm、125cm，测点分布如图 10-19 所示。通过在原始场地中沿竖直方向开挖特定深度、特定直径的管状井孔，将土壤水分传感器设置在 9 个测点位置处。通过土壤水分传感器的数据结果，得出不同渗流时间段内土体的含水率数值，进而可得到该时间段内雨水的入渗量。

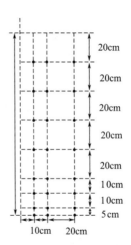

图 10-18 微型渗井影响范围测试　　图 10-19 水分测点布置示意图

10.5.2 计算模型

基于单个微型渗井原位场地染色示踪试验，给出单个微型渗井影响范围的基本假设。①稳定入渗形成的浸润体可以通过两个椭球体表示，且两个椭球体的某一轴长相等；②微型渗井滤芯的渗透系数是土层的 $2\sim3$ 个数量级，因此不考虑滤芯构件中的渗流方式而认为其为水体；③微型渗井井底入渗过程满足 Green-Ampt 模型，湿润锋前后分别为初始体积含水率和饱和体积含水率；④入渗范围内土体初始含水率相同；⑤入渗过程中微型渗井入渗量与浸润体含水总量增加量相等。

渗井井底以上湿润锋方程为

$$\frac{(x-r_0)^2}{a^2}+\frac{z^2}{l_1^{\ 2}}=1 \ (x \geqslant r_0, \ z \leqslant 0) \tag{10-26}$$

式中，x 为水平坐标；z 为竖向坐标，正方向为向下；a 为微型渗井井壁至湿润锋的最大距离；r_0 为注液孔半径；l_1 为渗井井底以上浸润体的轴长，即为微型渗井深度。

稳定入渗过程中形成的浸润体体积含水率变化值为 $Q_1(t)$

$$Q_1(t)=\left[\frac{\pi^2}{2}al_1r_0+\frac{2}{3}\pi a^2l_1+\frac{2}{3}\pi(a+r_0)^2l_2\right](\theta_s-\theta_i) \tag{10-27}$$

式中，θ_s 为土体饱和体积含水率；θ_i 为土体初始体积含水率；l_2 为井底以下湿润体的轴长，也是水在井底的入渗深度。微型渗井入渗深度满足 Green-Ampt 模型，即

$$i(t)=K_s\frac{Z_f+S_f+l_1}{Z_f} \tag{10-28}$$

式中，$i(t)$ 为土体入渗速率；K_s 为土体饱和导水率；S_f 为 z 轴与井底以下湿润体交点处湿润锋前土体对湿润锋后土体的平均基质吸力；Z_f 为湿润锋深度。由 Green-Ampt 入渗模型可知，某时刻累积入渗量 $I(t)$ 与土体湿润锋运移深度 Z_f 的关系为

$$I(t)=(\theta_s-\theta_i)Z_f \tag{10-29}$$

由前文假设可知，微型渗井井底湿润锋深度 Z_f 与入渗深度 l_2 相同，即

$$Z_f=l_2 \tag{10-30}$$

由土体入渗速率 $i(t)$ 与累积入渗量 $I(t)$ 的关系可知

$$i=\frac{\mathrm{d}I}{\mathrm{d}t}=(\theta_s-\theta_i)\frac{\mathrm{d}z}{\mathrm{d}t} \tag{10-31}$$

依据式（10-28）与式（10-31）可知

$$K_s\frac{Z_f+l_1+S_f}{Z_f}=(\theta_s-\theta_i)\frac{\mathrm{d}z}{\mathrm{d}t} \tag{10-32}$$

通过对上式积分可得

$$\int_0^t\frac{K_s}{\theta_s-\theta_i}\mathrm{d}t=\int_0^{l_2}\frac{Z_f}{Z_f+l_1+S_f}\mathrm{d}z \tag{10-33}$$

求解可得

$$\frac{K_s t}{\theta_s - \theta_i} = l_2 - (l_1 + S_f)\ln\frac{l_2 + l_1 + S_f}{l_1 + S_f} \qquad (10\text{-}34)$$

故入渗深度的计算公式为

$$t = \frac{(\theta_s - \theta_i)}{K_s}[l_2 - (S_f + l_1)\ln\frac{l_1 + S_f + l_2}{S_f + l_1}] \qquad (10\text{-}35)$$

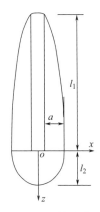

图 10-20 单个微型渗井浸润体示意图

根据水量平衡原理和基本假设可知，浸润体含水率变化量与微型渗井累积入渗量相同，即

$$Q_1(t) = Q_2(t) \qquad (10\text{-}36)$$

通过将式（10-27）和式（10-35）代入式（10-36），依据微型渗井累积入渗量，运用式（10-36）便可确定单个微型渗井的影响范围。在染色示踪试验过程中，通过控制注水强度容易记录注水量，并以此作为单个微型渗井的入渗量。运用式（10-36）可计算得出图 10-20 所示的 a 值，即单个微型渗井的影响范围。

10.5.3 数值模拟

为验证单个微型渗井影响范围计算模型，利用有限元软件 HYDRUS-2D 对微型渗井场地非饱和土入渗情况进行了模拟。降雨条件下滤芯周围土体水分运动属于二维饱和—非饱和达西流运动，土体为满足各向同性的多孔介质，土体入渗过程不考虑温度和空气阻力的影响。水分在总水势梯度下进行二维入渗，控制方程为二维 Richards 表达式，即

$$\frac{\partial \theta}{\partial t} = \frac{\partial}{\partial x}\left[K(\theta)\frac{\partial \theta}{\partial x}\right] + \frac{\partial}{\partial z}\left[K(\theta)\frac{\partial \theta}{\partial z}\right] + \frac{\partial K(\theta)}{\partial z}$$

$$(10\text{-}37)$$

式中 θ 为土体非饱和体积含水量，cm^3/cm^3；t 为入渗时间，min；$K(\theta)$ 为非饱和导水率，cm/min；x 为水平坐标距离，cm；z 为垂直坐标距离，cm。模拟降雨开始时由于土壤剖面含水量变化很小，故认为土壤初始含水量均匀分布，即

$$\theta(x, z) = \theta_0 (-X \leqslant x \leqslant X, 0 \leqslant z \leqslant Z) \qquad (10\text{-}38)$$

图 10-21 为微型渗井入渗模型简图，由于边界 AH、DE 直接与大气相通，故设定其为大气边界条件。边界 AB、BC 和 CD 为滤芯与土体的接触面，设定其为静水边界。试验区域的两个边界 EF、GH 为零通量边界。模拟滤芯周围土体二维入渗过程中不涉及地下水位问题，因此边界 FG 为自由排水边界。因此，边界条件可写为

$$\begin{cases} \dfrac{\partial \theta}{\partial x}=0 \\[2mm] \dfrac{\partial \theta}{\partial z}=0 \\[2mm] -K(h)\dfrac{\partial(\theta-\theta_0)}{\partial z}=\varepsilon \\[2mm] \phi=H \end{cases} \tag{10-39}$$

式中，ε 为土壤蒸发强度，mm/min；H 为水头高度，cm。将试验土壤的初始含水率作为软件的初始条件，其值为 0.06。土壤的水力学参数根据土壤的粒径组成和体积密度确定，由土壤转换函数软件 ROSETTTA 推算得到。饱和体积含水量 θ_s 为 0.44cm^3/cm^3，残余体积含水量 θ_r 为 0.06cm^3/cm^3，与土物理性质有关的参数 α 为 0.0055，经验系数 n 为 1.6723，经验系数 l 为 0.5，饱和导水率 K_s 为 36.08cm/d。

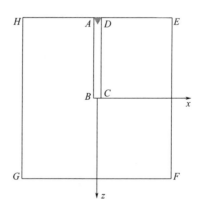

图 10-21　微型渗井入渗模型

数值模拟土体水分二维运动过程如图 10-22 所示，因篇幅有限，这里选取入渗时间分别为 20min、60min、120min 的结果进行比较。由图 10-22 可以看出，微型渗井周围土体水分入渗的形状为椭圆形。以微型渗井井底平面为界，湿润锋形状被分为两个椭圆，湿润锋在 x 轴方向的最大值不在 $z=0$ 平面，模拟结果与现场试验结果一致性较好。

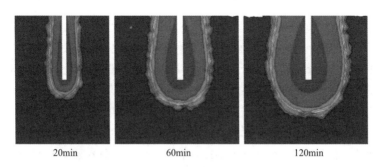

| 20min | 60min | 120min |

图 10-22　数值模拟云图结果

10.5.4　结果分析

在注水强度为 100L/h 的单个渗井入渗试验结束后，通过对渗水区域场地进行开挖，依据染色示踪剂扩散情况，可确定浸润体的影响范围。由于渗井周围土体颜色原本为黄褐色而示踪剂为蓝色，因此可轻易看出水分在土体中的扩散范围。由实测数据可知，试验得到的测试值与书中提到的模型理论值吻合。根据试验结果可得，渗井井底的入渗深度 l_2 为 26cm，水平扩散范围为 28cm。由于入渗量较小，且微型渗井滤芯内的入渗水头较高，在入渗过程中，土体的各向异性表现不太明显。故假定微型渗井井底的水平扩散范围与竖直扩散范围一致，即

$$r_0 + a = l_2 \qquad (10\text{-}40)$$

微型渗井影响范围的理论值和实测值　　　　表 10-6

深度（cm）	拟合范围（cm）	试验范围（cm）	误差
100	29.7	28	6.07%
105	29.2	25.5	14.51%

深度(cm)	拟合范围(cm)	试验范围(cm)	误差
110	27.9	25	11.6%
115	25.6	21.6	18.51%
120	21.9	19.2	14.06%
125	15.9	13.4	18.66%

由表 10-6 可知，微型渗井井底以下范围内的渗水影响范围均小于理论拟合值。这是由于亮蓝染色剂易被土体颗粒吸附，特别是土体黏粒含量较高时，吸附作用会更强。由于温润锋处的染色剂被大量吸附，因此染色区域小于土体中水流的实际流动范围。由试验结果可知，井底处水平扩散范围和竖直入渗深度基本相同。在场地雨水入渗初始时刻，土体孔隙中水分较少，其基质吸力大，因而基质吸力对井中积水的入渗作用影响大。随着水分在滤芯内的积累，重力势开始起主要作用。由于区域面积内的入渗量较少，且时间较短，土体中水的侧渗与垂直下渗几乎相等。

假设入渗过程满足 Green-Ampt 假定条件，以湿润锋为边界，湿润锋前后方分别为初始体积含水率和饱和体积含水率，受土体基质吸力作用，土体内从饱和区到初始体积含水率区，其体积含水率是渐变的，计算值与试验值的误差均在 4cm 以内，满足工程应用要求，这说明建立的单个微型渗井影响范围计算模型是有效的。由原位场地试验得到的含水率数据，经式（10-41）换算得到各个测点的饱和度 s_r 数值。

$$s_r = \frac{wG_s\rho_d}{G_s\rho_w - \rho_d} \tag{10-41}$$

式中，w 为含水率；G_s 为土粒的相对密度，取值为 2.7；ρ_d 为土体干密度；ρ_w 为水的密度，取 1g/cm³。通过对注水结束时刻微型渗井区域场地的饱和度数值进行分析，以微型渗井井底平面为界，渗井井底上半部分土体内测点的饱和度实测值如图 10-23 所示。

由图 10-23 可知，随着测点深度的增加，测点饱和度也逐渐增

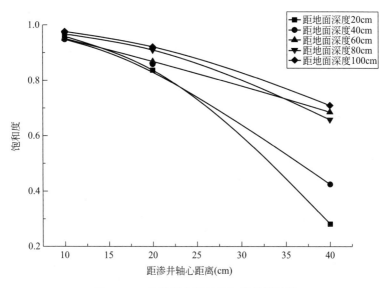

图 10-23 井底以上测点饱和度的测试值

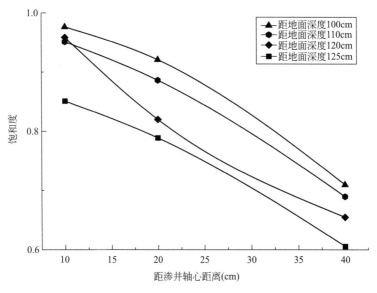

图 10-24 井底以下测点饱和度的测试值

大。在水平方向随着测点与微型渗井轴心距离的增加，饱和度逐渐减小。由图 10-24 可知，在距地表 100cm 以下的范围内，随着测点深度的增加，饱和度呈现逐渐减小的趋势。这是因为微型渗井滤芯的渗透系数远大于周围土体的渗透系数，在雨水入渗初期，雨水积聚于滤芯的孔隙中，微型渗井井壁雨水受到土体基质吸力和上部水重力的共同作用。由于水分入渗进入土体是水分所受重力与土体基质吸力共同作用的结果，位于微型渗井井底位置处的水分受到的重力和基质吸力都是最大的，故在微型渗井井底水平处，即距地表 100cm 处，渗井扩散范围达到最大值。在微型渗井垂直于轴心方向上同一水平的测点，随着距离的增大，饱和度增长值逐渐递减，即离微型渗井轴心越远，土体饱和度增长率越低。对比图 10-23 与图 10-24 可知，原位试验场地的土体其表层较为干燥，随着深度的递增土体的含水率逐渐增加，在水分通过微型渗井滤芯的入渗过程中，浅层土的含水率增幅较为明显，深处的土体含水率增幅较小。

第11章 土层海绵化实施方案

本章介绍土层海绵化实施过程,主要包括滤芯制备工艺和渗井施工方法,最后介绍工程案例。

11.1 滤芯制备工艺

滤芯是实现渗井功能的载体,其质量好坏直接影响渗井的渗水效率及其耐久性。因此,应该从用料、制作过程、运输等方面全方位进行保障。

11.1.1 材料要求

采用的滤芯是一种透水混凝土圆柱形构件。水泥采用强度等级42.5的硅酸盐或普通硅酸盐水泥,质量符合国家标准《通用硅酸盐水泥》GB 175—2007要求,外加剂符合现行国家标准《混凝土外加剂》GB 8076—2008规定。采用的集料必须坚硬、耐久、洁净、密实,优先选用碎石,可选用卵石和陶粒。碎石和卵石应符合《建设用卵石、碎石》GB/T 14685—2011中的相关要求。采用洁净自来水,矿物和杂质含量应符合建筑标准。由于滤芯是埋置于土体中的渗水构件,正常情况下一直受土体保护作用而不受冻融和地面活动影响,且不承受外部荷载,因此其质量标准可略低于路用混凝土性能要求[61],配制强度可略低于《普通混凝土配合比设计规程》JGJ 55—2011相关要求。但应满足透水系数不小于0.5mm/s和连续孔隙率不小于60%要求。

11.1.2 滤芯制作

根据透水混凝土配合比计算方法确定石子和水泥用量。碎石经人工筛分,冲洗干净后与水泥、减水剂倒入搅拌机中,先干拌30s使碎石和水泥搅拌均匀。按配合比计算量取所需水量,倒入搅拌机中继续搅拌 120s。搅拌完成后卸料，倒入内径 100～200mm、长 1～3m 的模具中，采用人工振捣法，将拌合料分三次装入试模中。每装一层后，用振动棒快速轻轻插捣 2～5 下，以保持混凝土的疏松和良好的透水性能。可采用以下几种方法养护：①标准条件养护法，将透水混凝土滤芯放在温度为 20±3℃、相对湿度为 90% 以上的环境中养护 28d。②蒸汽养护法，将混凝土滤芯放入密闭容器内，通过蒸汽管向容器内注入蒸汽，控制好蒸汽的温度及湿度。③自然条件养护法，将混凝土滤芯放在阴暗环境中并覆盖草帘或塑料进行保湿，每天洒水 3 次（夏季每天洒水 6 次），如图 11-1 所示。

图 11-1　滤芯的自然养护

11.1.3　运输和堆放

混凝土滤芯只有在强度达到设计强度时才能运输。运输过程中滤芯竖立放置于运输工具上，车辆应满足构件尺寸和负荷要求。滤芯与交通工具的接触部位和滤芯的边角应采用柔性支撑垫保护，支撑应牢固，不得松动。

施工运输道路布置应平整坚实，少坑洼，以防止车辆摇晃时引致滤芯碰撞、扭曲和变形。施工现场滤芯贮存区域应平整压实，不得积水，并应提供排水措施。滤芯堆放应根据规格、类型、所用部位单独堆放。堆垛场地的布置应能满足堆垛构件数量要求，避免构件二次搬运。同时宜设置堆垛之间的通道。

滤芯堆放区域应与其他工作区域分开，设置防护栏杆。尽量避免在安装过程中通过其他工作区域，并设置警示标志和标识。

11.2　滤芯渗井布置方法

混凝土微型渗井适用于雨水渗透能力差而阶段性降雨强度大的地区，可大幅度增大雨水的下渗能力。因此，可广泛应用于由于自然或人类活动引起的不透水、局部透水、透水减弱和正常透水区域，比如硬化路面、建筑物周边、人行道、硬化广场、绿地等。可以单独使用，也可以与其他海绵化设施组合使用。根据地下水位及防洪标准，合理布置渗井直径、长度、间距等参数，可达到加速地表水入渗效果。

11.2.1　场地分区

根据降雨条件、工程地质水文地质条件和环境，将全域划分为不透水区、透水减弱区和原始区，如图 11-2 所示。

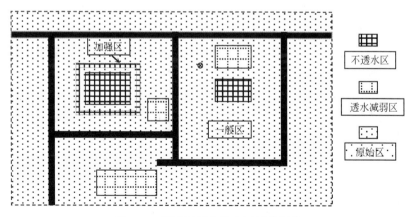

图 11-2　汇水区域和渗水区域的划分

不透水区对降雨有汇集作用，比如建筑物和柏油马路会将其范围内的所有降雨都汇集起来。因此，在不透水区周围要设置滤芯密集区或"加强区"。在透水减弱区，比如铺设有地面砖的广场其雨水下渗能力将大幅度减弱。为了既能提高雨水下渗效率，又不大面积破坏地面砖，在该区域应采用深滤芯稀疏布置方案，并在周围区域适当加密加长布置。在小区花园、绿化带等原始区域，渗透滤芯的渗流能力以能满足影响半径范围内极端降雨量的渗透要求为准，采用不考虑雨水汇集的方法布置滤芯，该区域称为"一般区域"。

"一般区"和"加强区"范围内的渗透滤芯应分别计算，以初步确定其直径、长度、布置方式等参数，如图 11-3 所示。另外，布置 2m 深的水井一口，用以开采蓄存在浅层土体中的入渗水。通过抽水试验确定其出水量和抽水的影响范围。

11.2.2　滤芯与地面的衔接

设计便于在地表更换的地面砖透水、土工布过滤、砂石反滤、滤芯集水渗井的雨水集水与下渗模式。区分人行步道、道路、广场、草坪、建筑物等对雨水的汇集效应和下渗能力，将场地划分为不透水区域（建筑物、水泥路等）、透水减弱区域（人行道、广场）和原始区域（草坪、绿化带等）。滤芯渗井的平面布置结合建筑物、绿地、路面的分布形式进行。绿地和既有广场及人行步道的海绵化改造方法如图 11-4 所示。

在新城区，本方案的滤芯渗井布置结合广场、人行步道同步进行。根据布置方式和间距确定渗透滤芯的位置和长度，并进行施工。之后用 100mm 厚中砂和 100mm 厚粗砂铺设雨水净化层，砂层之上铺设土工布，土工布之上铺设透水砖。当雨水径流由透水砖下渗时，生活垃圾、树枝树叶等颗粒较大的废物将首先被透水砖遮拦，因此不会进入地下水系统。当雨水下渗至土工布时，经过砖缝随雨水下渗的小颗粒杂质将被过滤。然后，下渗雨水将经过粗砂和中砂再次被过滤和净化并进入渗透滤芯，且开始向周围土体中渗透。

原始区域存在大量的草坪、绿化带和树木，海绵化改造应以不影响现有植被为前提。首先根据布置方式和间距确定渗透滤芯的位

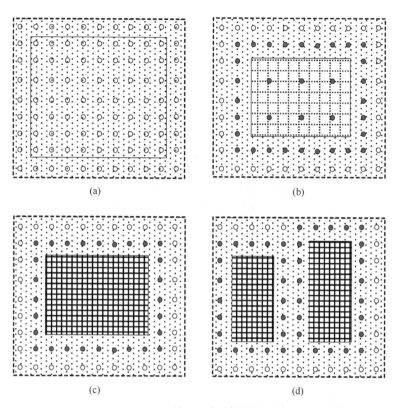

注：○一般区的滤芯集水井　●加强区的滤芯集水井

图 11-3　不透水区、透水减弱区和原始区域的滤芯集水井布置方案

(a) 新建广场及其周边或雨水花园；(b) 既有广场及其周边；

(c) 既有建筑物或道路周边；(d) 不透水区域间断分布

置和长度并进行施工。之后在滤芯上部铺设平面尺寸为 150mm×150mm，厚度分别为 100mm 的中砂和粗砂作为雨水净化层。为了便于渗透滤芯集水井之间的联络，在滤芯顶端以下 200mm 处设置水平过水通道，如图 11-5 所示。在不透水区域，比如建筑物平面范围内，不能设置滤芯集水井，但在建筑物周围要设置渗透滤芯集水井布置加强区。

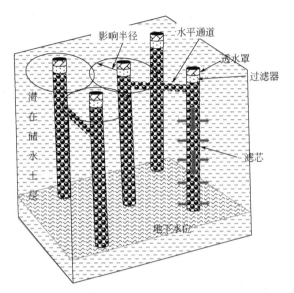

图 11-4　适用于绿地和既有广场及人行步道
的以土体为蓄存体的地下水库方案

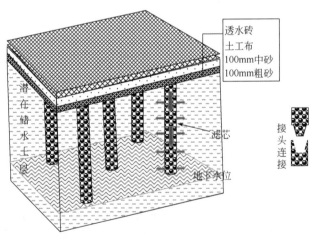

图 11-5　具有净化和反滤功能适用于新建广场和
人行步道的集水井地下水库方案

11.2.3　布置形式和间距

考虑降水特点、汇水面积、土层渗透性及地下水位埋深，优化滤芯的间距及分布形式。考虑单井效率和施工便利性，选择正方形布置和正三角形布置方式作为滤芯集水井的平面布置方案。根据降雨强度、降雨持续时间、雨水汇集面积（比如建筑物周围的集水渗井由于分担了建筑物的面积而具有更大的雨水汇集面积）、允许积水时间和积水深度、土层渗透性、地下水位埋深等条件，计算单位面积布置的滤芯集水井数量，从而确定渗井间距。

直径、长度、布置方式和间距的确定是一个优化过程。对于需要分担较大雨水汇集面积的滤芯集水渗井，比如布置于建筑物周围的集水渗井，仅仅通过缩小集水渗井间距是不行的，这时还可以通过增加集水渗井长度的方式增加单井的渗水效率。为此，需要运用有限元方法对几何尺寸和间距等参数进行优化。

以滤芯作为竖向渗水通道，以地下水位以上天然土层作为蓄存体，辅以雨水花园进行渗水蓄存的地下微型水库技术能考虑各部分的协同作用，具有渗水效率高，储水体量大等优势，将成为海绵城市建设的主流和发展方向。目前，以城市内涝风险控制和综合治理为目的的海绵城市建设方法主要有雨水花园、植草沟、天然河道、下沉广场等方法，这些方法在我国各个地区都有不同程度的应用。测试雨水花园、广场和原始场地的渗水效率，建立各种场地的渗流模型。研究集水渗井加强入渗方式与传统海绵城市建设方法的配套使用和组合途径，最终达到既美化环境又最大限度促使雨水下渗的目的。要达到以上目标，需要在大量调查工作的基础上，借助数值模型进行优化和设计。

11.2.4　操作要点

（1）施工准备

准备好钻机、水位计、标识钢筋、碎石材料、透水砖等工具和材料，将预制渗井滤芯小心运送到施工现场。

（2）定位

依据具体施工方案及布置方式，严格控制测量放线精度，用卷尺精准测量定位渗井孔的位置，确保渗井孔的中线、高程及偏斜度在允许范围内。

（3）成孔

用钻机在预定位置成孔，严控孔位、孔深、垂直度等指标。注意保护已完成的渗井孔，不得落土和挤压。

（4）清孔

即将渗井孔内多余土体清出孔外，清孔时注意防止孔壁土体松散造成塌孔。清孔后，在渗井孔底部铺设 30～40cm 厚的反滤垫层。

（5）滤芯安装

完成清孔后，在渗井孔底部铺设反滤垫层，然后安装预制好的渗井滤芯，待检查安装位置符合要求之后，用准备好的碎石材料填充滤芯与渗井之间的空隙。

（6）反滤措施

为避免细颗粒土填充堵塞滤芯孔隙，提前用土工布包裹滤芯顶部，包裹长度 10cm 以上。

（7）铺砂

在滤芯上铺砂，密实砂层厚度 5cm 以上，同时保证滤芯上部进入砂层 2cm 以上。

（8）表层铺装

砂层上铺设透水砖、透水混凝土、透水沥青路面等表层铺装，也可以植草。

11.2.5 注意事项

（1）施工前的准备工作

在施工准备阶段应编制专项技术施工方案，确定施工范围和布置方式，建立施工管理制度，与施工班组人员进行详细技术交底。

（2）建立档案资料

施工过程要严格执行施工工艺流程，做好详细的文字和图像记录，保证各工序之间的有序衔接，不得随意改变工艺顺序，保证施工质量。

（3）钻孔进度

先用钻机钻孔至孔底以上 10～20cm 处，再改用洛阳铲进行人工开挖，严禁一次钻进成孔。

（4）井孔质量

渗井孔应竖直，井壁光滑，直径误差控制在 5mm 之内。

（5）井孔保护

禁止在孔位周围堆载、施工和振动，人员和车辆应避让井孔。

（6）使用要求

禁止在滤芯设置区取土、挖坑、碾压。

11.2.6　保障措施

（1）预防塌方

根据现场情况积极采取措施防止塌方等事故出现，对出现塌方应采用喷混凝土回填密实。

（2）避免超钻

超挖、超钻部分必须以砂石回填并密实。

（3）施工顺序

钻孔顺序按照从中间向四周进行，做到随钻随放置滤芯，以免长时间搁置引起孔缩。

（4）清孔要求

反滤层和滤芯安装应该在完成清孔后立即进行。

（5）做好记录

滤芯安装完毕后必须按隐蔽工程要求做好施工记录。

11.3　应用案例

目前，该土层海绵化方案已经应用于天津多个区域的海绵化项目，取得了很好的社会效益和生态效益。根据《天津市静海区海绵城市专项规划》方案，在静海区建设湿地公园。该公园占地 30673m²，现场布置如图 11-6 所示，其中"·"为采用本书方法提供的滤芯渗井布置点。

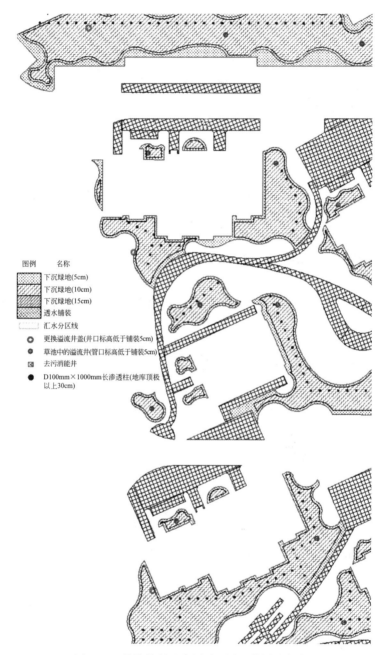

图 11-6　静海某湿地公园平面图（彩图见文末）

参考文献

[1] 王梦恕，卫振海，张顶立.材料结构状态集合分析理论 [J].工程力学，2016，33 （10）：1-23.

[2] 刘松玉，蔡正银.土工测试技术发展综述 [J].土木工程学报，2012，45 （3）：159-173.

[3] 陈正汉.非饱和土与特殊土力学的基本理论研究 [J].岩土工程学报，2014，36 （2）：201-272.

[4] 邵龙潭，郭晓霞，郑国峰.粒间应力、土骨架应力和有效应力 [J].岩土工程学报，2015，37 （8）：1478-1483.

[5] 沈珠江.关于土力学发展前景的设想 [J].岩土工程学报，1994，16 （1）：110-111.

[6] 徐日庆，廖斌，吴渐，等.黏性土的非极限主动土压力计算方法研究 [J].岩土力学，2013，34 （1）：148-154.

[7] 张永兴，陈林.挡土墙非极限状态主动土压力分布 [J].土木工程学报，2011，44 （4）：112-119.

[8] 李顺群，夏锦红，张培印.初始应力线和原状土的修正 Mohr-Coulomb 准则 [J].工程力学，2016，33 （7）：116-122.

[9] 李顺群，张来栋，夏锦红，等.土的应力状态和基于 Mohr-Coulomb 准则的结构性模型 [J].中国公路学报，2014，27 （11）：1-10.

[10] 姚仰平，张丙印，朱俊高.土的基本特性本构关系及数值模拟研究综述 [J].土木工程学报，2012，45 （3）：127-150.

[11] 周成，沈珠江，陈生水，等.结构性土的次塑性扰动状态模型 [J].岩土工程学报，2004，26 （4）：435-439.

[12] 李顺群，贾红晶，夏锦红，等.考虑原状土初始应力状态的修正 SMP 屈服准则 [J].水文地质工程地质，2015，42 （3）：102-107.

[13] 刘恩龙，沈珠江.结构性土强度准则探讨 [J].工程力学，2007，24 （2）：50-55.

[14] Asaoka A，Masaki N，Toshihiro N. Super loading yield surface concept for highly structured soil behavior [J]. Soils and Foundations，2000，40 （2）：99-110.

[15] 郑颖人，陈长安.理想塑性岩土的屈服条件与本构关系 [J].岩土工程学报，1984，6 （5）：13-22.

[16] 金旭，赵成刚，蔡国庆，等.基于扰动变量的非饱和原状土本构模型 [J].工程力学，2011，28 （9）：149-156，164.

[17] 黄斌，杨洪，何晓民.非极限状态主动土压力的研究 [J].长江科学院院报，2007，（4）：46-49.

[18] 张坤勇，殷宗泽，梅国雄.土体两种各向异性的区别和联系 [J].岩石力学与工程学报，2005，24 （9）：1599-1604.

[19] 殷宗泽等.土工原理 [M].北京：中国水利水电出版社，2007.

[20] Yadong Zhou，An Deng. Modelling combined electrososis-vacanm surcharge preloading consolidation considering large-scale deformetion［J］. Computers and Geotechnics，2019，（109）：46-57.

[21] Gibson R E，England G L，Hussey M J L. The theory of 1-D consolidation of saturated claysI，Finite nonlinear consolidation of thin homogeneous layers［J］. Geotechnique，1967，17（2）：261-271.

[22] 王猛，岳建伟，刘占通. 软土地基沉降量计算方法探讨［J］. 河南大学学报（自然科学版），2004，（3）：98-101.

[23] 龚晓南. 岩土工程发展展望［C］. 中国科学技术协会，浙江省人民政府. 面向21世纪的科技进步与社会经济发展（下册）. 中国科学技术协会、浙江省人民政府：中国科学技术协会学会学术部，1999；364.

[24] 马豪豪. 公路地基沉降计算方法研究［D］. 西安：长安大学，2011.

[25] 徐日庆. 考虑位移和时间的土压力计算方法［J］. 浙江大学学报（工学版），2000，（4）：22-27.

[26] 周子舟. 有限土体主动土压力计算方法的比较［J］. 工程勘察，2015，43（1）：20-25.

[27] 沈印，陈丽凡. 基坑支护结构计算方法的比较分析［J］. 地下空间与工程学报，2019，15（S1）：100-104＋174.

[28] 张毅. 地下结构与支护体间土压力的算法分析［J］. 中国农村水利水电，2015，（1）：129-130.

[29] 李广信，李学梅. 土力学中的渗透力和超静孔隙水压力［J］. 岩土工程界，2009，12（4）：11-12.

[30] 叶为民，王初生，王琼，等. 非饱和黏性土中气体渗透特征［J］. 工程地质学报，2009，17（2）：244-248.

[31] 张红芬，李永乐，刘翠然，等. 非饱和土渗透系数直接试验法和间接计算法［J］. 人民黄河，2011，33（4）：139-141.

[32] 李顺群，陈之祥，桂超，等. 一类三维土压力盒的设计及试验验证［J］. 中国公路学报，2018，31（1）：11-19.

[33] 赵磊，李琳，白敬. 黏性土三轴剪切试验的实质应力和破坏条件［J］. 水电能源科学，2015，33（6）：120-122＋135.

[34] 李顺群，高凌霞，冯慧强，等. 一种接触式三维应变花的工作原理及其应用［J］. 岩土力学，2015，36（5）：1513-1520.

[35] 江强，朱建明，姚仰平. 基于SMP准则的土体三维应力状态土压力问题［J］. 岩土工程学报，2006（S1）：1415-1417.

[36] 沈珠江. 土的弹塑性应力应变关系的合理形式［J］. 岩土工程学报，1980，（2）：11-19.

[37] 曾辉，余尚江. 岩土压力传感器匹配误差的计算［J］. 岩土力学，2001（1）：

99-105.

[38] Matsuoka H, Junichi H, Kiyoshi H. Deformation and failure of anisotropic sand deposits [J]. Soil Mechanics and Foundation Engineering, 1984, 32 (11): 31-36.

[39] L. Callisto, G. Calabresi. Mechanical behavior of a natural soft clay [J]. Geotechnique, 1998, 48 (4): 495-513.

[40] 李顺群, 高艳, 夏锦红, 等. π平面上原状土的空心扭剪试验 [J]. 力学季刊, 2019, 40 (1): 208-215.

[41] M. M. Kirkga, P. V. Lade. Anisotropic three-dimensional behavior of a normally consolidated clay [J]. Canadian Geotechnical Journal, 1993, 30: 848-858.

[42] 李顺群, 张建伟, 夏锦红. 原状土的剑桥模型和修正剑桥模型 [J]. 岩土力学, 2015, 36 (S2): 215-220.

[43] 殷杰, 洪振舜, 高玉峰. 天然沉积连云港软黏土的屈服特性 [J]. 东南大学学报 (自然科学版), 2009, 39 (5): 1059-1064.

[44] 孙德安, 姚仰平, 殷宗泽. 初始应力各向异性土的弹塑性模型 [J]. 岩土力学, 2000, (3): 222-226.

[45] 谢定义, 齐吉琳, 张振中. 考虑土结构性的本构关系 [J]. 土木工程学报, 2000, (4): 35-41.

[46] 杨光华, 温勇, 钟志强. 基于广义位势理论的类剑桥模型. 岩土力学 [J]. 2013, 34 (6): 1521-1528.

[47] Simon J. Wheeler, An-u Naatanen, Minna Karstunen, et al. An anisotropic elasto-plastic model for soft clays [J]. Can GEOTECH, 2003, 40: 403-418.

[48] 沈凯伦. 软塑土结构性、塑性各向异性及其演化 [D]. 杭州: 浙江大学, 2006.

[49] 李顺群, 郑刚. 复杂条件下Winkler地基梁的解析解 [J]. 岩土工程学报, 2008, 30 (6): 873-879.

[50] 李顺群, 柴寿喜, 张辉东, 等. 考虑剪力连续性条件的Winkler地基梁计算 [J]. 解放军理工大学学报 (自然科学版), 2010, 11 (5): 528-533.

[51] 李顺群, 陈淮, 刘华新, 等. 考虑体积质量变化时非饱和土的土压力系数 [J]. 辽宁工程技术大学学报, 2006, (2): 207-210.

[52] 栾茂田, 李顺群, 杨庆. 非饱和土的基质吸力和张力吸力 [J]. 岩土工程学报, 2006, 28 (7): 863-868.

[53] 李顺群, 高凌霞, 柴寿喜, 等. 饱和非饱和土的位移土压力及非极限力学指标研究 [J]. 中国公路学报, 2013, 26 (2): 26-33.

[54] 李顺群, 柴寿喜, 王沛, 等. 非饱和土的系列强度试验研究 [J]. 工程力学, 2009, 26 (11): 140-144.

[55] 李顺群, 郑刚, 王英红. 反压土对悬臂式支护结构嵌固深度的影响研究 [J]. 岩土力学, 2011, 32 (11): 3427-3431, 3436.

[56] 张建全, 王世杰. 天津站交通枢纽工程主广场和海河地道工程监测总结报告 [R].

北京：北京城建勘测设计院，2008.

[57] 李顺群，郑刚，王英红.预留土对非饱和基坑支护结构的影响 [J].工程力学，2012，29（5）：122-127.

[58] 李顺群，桂超，夏锦红.常气压下非饱和土的一维瞬态渗流 [J].深圳大学学报（理工版），2018，35（1）：70-77.

[59] 刘烨璇，李顺群，胡铁馨，等.砂石渗井在黏土地区海绵城市建设中的应用 [J].水资源与水工程学报，2019，30（3）：113-118.

[60] 冯彦芳，李顺群，陈之祥，等.基于土体各向异性的雨水入渗渗井试验研究与验证 [J].长江科学院院报，2019，36（3）：110-115.

[61] 朱希，李顺群，冯彦芳，等.建筑垃圾雨水渗井在海绵城市中的应用 [J].广西大学学报（自然科学版），2017，42（4）：1415-1421.

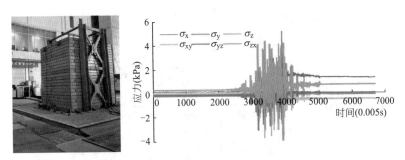

图 4-9　模型试验中的三维动应力响应

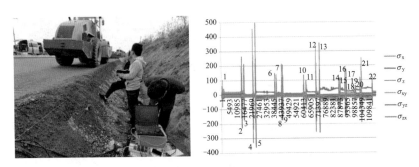

图 4-11　路基碾压效应测试

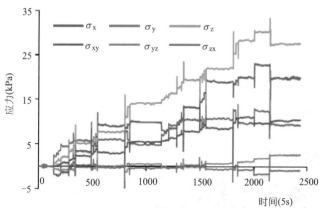

图 4-12　地铁隧道下穿建筑物项目测试

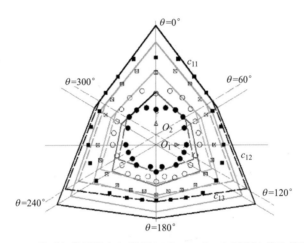

图 6-11 π 平面上的屈服点与常规 Mohr-Coulomb 屈服迹线和缩移修正
Mohr-Coulomb 屈服迹线的关系

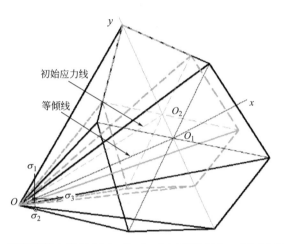

图 6-12　屈服迹线由常规 Mohr-Coulomb 屈服迹线在 π 平面上缩移得到

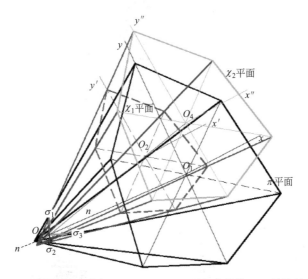

图 6-13　屈服迹线由常规 Mohr-Coulomb 屈服迹线绕 $n\text{-}n$ 轴旋转得到

243

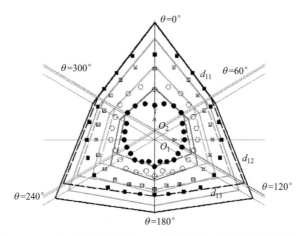

图 6-14 π 平面上的屈服点在 χ 平面上的映射及其与旋转修正
Mohr-Coulomb 屈服迹线的关系

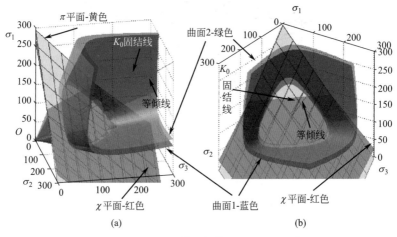

图 6-17 SMP 屈服曲面与修正 SMP 屈服曲面

（a）侧视图；（b）正视图

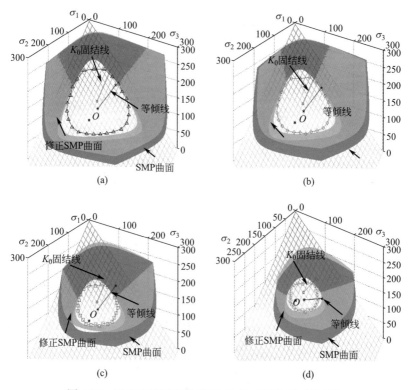

图 6-18　SMP 屈服准则与修正 SMP 屈服准则对砂雨法
试样真三轴试验的拟合对比

(a) $\gamma_{oct}=3.0\%$；(b) $\gamma_{oct}=2.0\%$；(c) $\gamma_{oct}=1.0\%$；(d) $\gamma_{oct}=0.5\%$

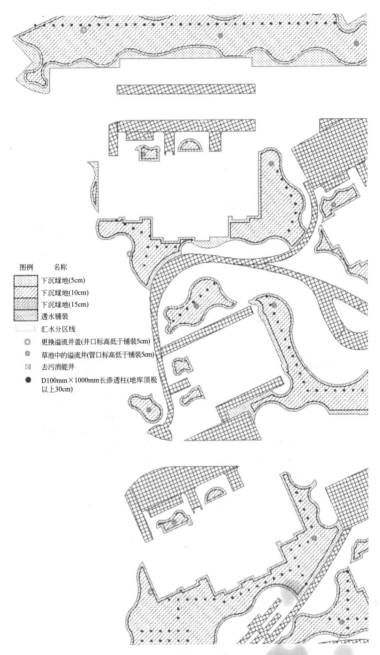

图例　名称

下沉绿地(5cm)
下沉绿地(10cm)
下沉绿地(15cm)
透水铺装
汇水分区线
更换溢流井盖(井口标高低于铺装5cm)
草池中的溢流井(管口标高低于铺装5cm)
去污消能井
D100mm×1000mm长渗透柱(地库顶板以上30cm)

图 11-6　静海某湿地公园平面图

246